I0073404

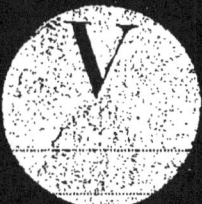

ÉTUDE SUR LE MOUVEMENT

DES

PROJECTILES OBLONGS

MÉLANGES MILITAIRES

PREMIÈRE ET DEUXIÈME SÉRIE

CONTENANT

LES PRINCIPAUX ARTICLES PUBLIÉS

DANS LE

BULLETIN DE LA RÉUNION DES OFFICIERS

EN 1871, 1872 ET 1873

10 VOLUMES PETIT IN-8o

Prix : 50 fr.

Il ne reste qu'un très-petit nombre de collections complètes.

1461—Paris, imp. A. Dutemple, 7, rue des Canettes.

PUBLICATION DE LA RÉUNION DES OFFICIERS

ÉTUDE SUR LE MOUVEMENT

DES

PROJECTILES OBLONGS

PRÉCÉDÉE

DE CONSIDÉRATIONS SUR LA TOUPIE ET LE GYROSCOPE

PAR

J. PERRODON

CAPITAINE D'ARTILLERIE

Avec Figures

PARIS

CH. TANERA, ÉDITEUR

LIBRAIRIE POUR L'ART MILITAIRE ET LES SCIENCES

Rue de Savoie, 6

1874

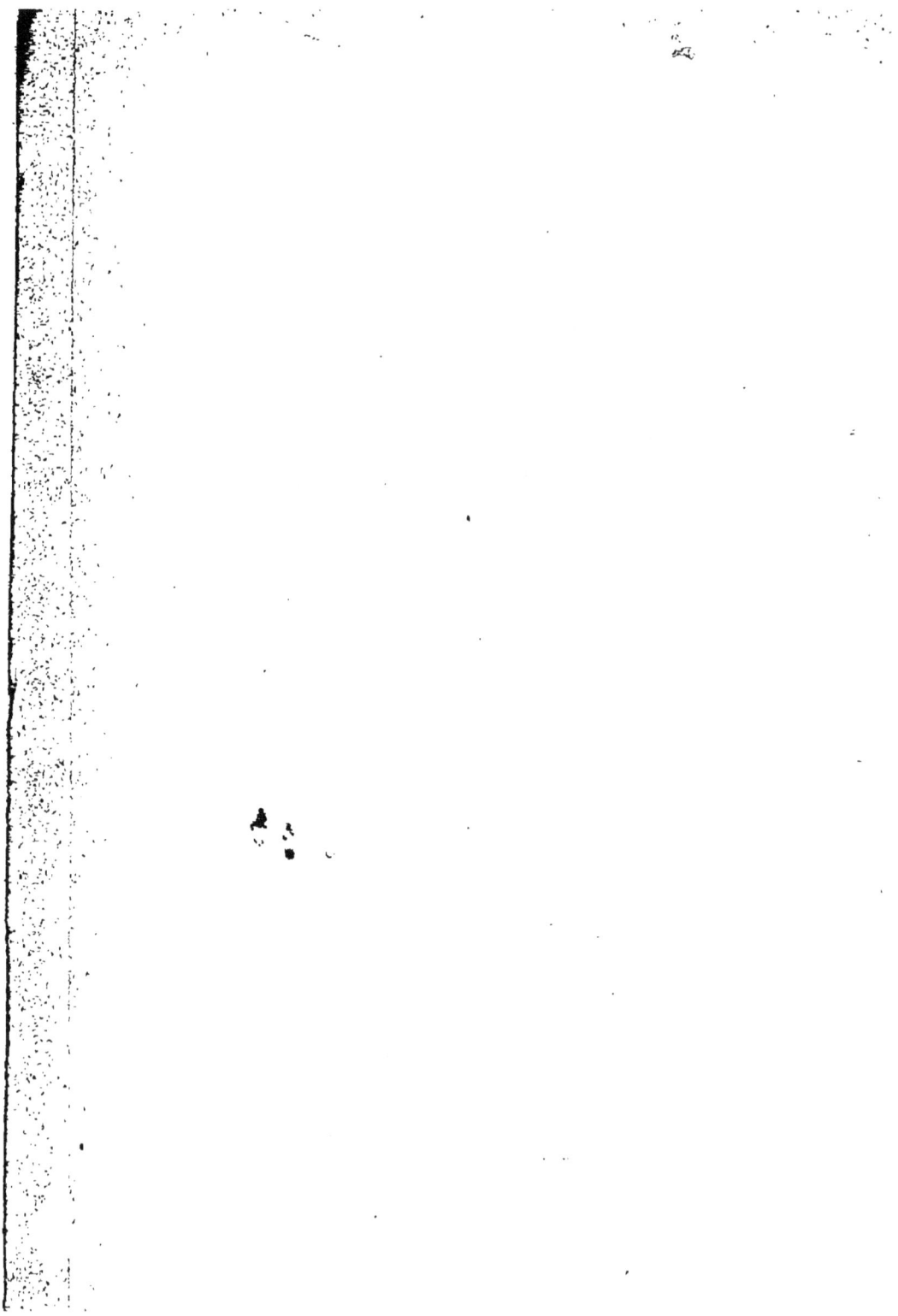

AVANT-PROPOS

Ce travail a été entrepris pour répondre à un désir exprimé par le *Bulletin* du 23 mai dernier. Le gyroscope est peu connu; il devrait en être tout autrement pour plusieurs raisons.

En premier lieu, les expériences que l'on peut faire avec cet appareil frappent très-vivement tous ceux qui les voient pour la première fois et intriguent les esprits les moins portés à l'analyse. Indépendamment de cet attrait de curiosité, le gyroscope traduit par des expériences saisissantes les résultats de théories mécaniques difficiles, il est vrai, mais qui n'en sont pas moins devenues le préliminaire obligé de toute étude balistique. Enfin, l'exposé progressif et méthodique de ces expériences constitue une véritable théorie expérimentale des rotations, relativement facile, et qui suffit à tous ceux qui désirent connaître les éléments de la question, mais non l'approfondir.

La discussion complète de quelques expériences donnera au lecteur la clef de cette théorie et le mettra à même de prévoir les résultats de toutes les autres. L'application au tir n'offre pas d'autre difficulté que l'insuffisance des données. Les effets ne peuvent être calculés numériquement. Néanmoins la théorie conduit à des conclusions parfaitement nettes, propres à guider la pratique.

Les expériences gyroscopiques sont donc aussi utiles qu'intéressantes. Pourquoi sont-elles si peu connues?

Le prix un peu élevé de l'instrument n'est pas une raison sérieuse, d'autant moins qu'on peut, à la rigueur, le remplacer par des toupies particulières d'un prix très-minime. Une autre raison est la rareté des publications élémentaires sur le sujet qui nous occupe. Dès son apparition, le gyroscope a été l'objet de travaux remarquables : les uns très-savants, comme ceux de M. Résal ; les autres à la portée de tout le monde, comme le *Mémoire* de M. Sire, que nous aurons souvent à citer. Toutes les Réunions d'officiers devraient, à notre avis, posséder un gyroscope et ce petit livre, malheureusement assez rare. Nous avons cherché à suivre les idées dont s'est inspiré M. le lieutenant-colonel Capdevielle dans son ouvrage : *l'Armement et le Tir de l'infanterie*. Nous nous sommes efforcé avant tout d'être clair et de ne pas rebuter le lecteur par l'aridité de la forme. C'est dans le même but que nous avons multiplié les figures, grâce au concours de M. Fischer, sous-lieutenant élève d'artillerie, qui a bien voulu se charger d'illustrer cette notice.

ÉTUDE SUR LE MOUVEMENT

DES

PROJECTILES OBLONGS

I

SUR LE MOUVEMENT DE LA TOUPIE

On reconnaît aisément trois périodes distinctes dans le mouvement de la toupie ordinaire.

Dans la première, la toupie court, la pointe sur le sol, l'axe incliné, en décrivant des spirales d'abord très-étendues, puis de plus en plus rétrécies; sur un sol dur et sensiblement horizontal, la pointe finit par s'arrêter et, au même moment, l'axe est à peu près vertical. Alors commence la deuxième période : la toupie *dort;* tournant rapidement autour de son axe vertical, elle semble immobile, en équilibre sur sa pointe. Au bout d'un certain temps l'axe commence à trembler, la pointe à se mouvoir en cercle; l'équilibre est perdu sans retour, les mouvements deviennent de plus en plus larges; la toupie finit par tomber, rouler et mourir.

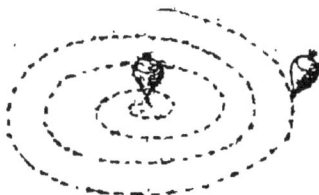

C'est ainsi que les choses se passent habituellement. Nous n'entrerons pas, pour le moment, dans une discussion com-

8   ÉTUDE SUR LE MOUVEMENT

plète de ce fait si connu, mais, il faut le dire, tout aussi
compliqué. Nous nous bornerons aux réflexions qui suivent :

Pendant toute la durée du mouvement, les conditions de
l'équilibre sont renversées. Il n'y a pas de doute que si la
toupie ne tournait pas, elle tomberait immédiatement; tandis que la rotation non-seulement l'empêche de tomber,
mais la redresse : il en est ainsi du moins tant que la rotation conserve une vitesse suffisante.

Pendant tout le temps que la toupie se redresse, sa pointe
court sur le sol : cela n'a rien d'étonnant. En effet, la pointe
est toujours plus ou moins émoussée; il en résulte que,
lorsque la toupie est inclinée, son point de contact C avec le
sol (*fig. 1*) est en dehors de l'axe O G. En
vertu de la rotation, ce point est animé
d'une certaine vitesse; mais le frottement
du sol annule cette vitesse et le glissement
se transforme en roulement. Si la pointe
est plus aiguë (*fig. 2*), le point de contact
se rapproche de l'axe, le roulement est plus
lent, la toupie court moins; mais on remarque aussi qu'elle se redresse plus difficilement. Si le sol est mou, la pointe s'y
incruste et s'arrête; le redressement de l'axe s'arrête en
même temps. La toupie ne tombe pas pour cela, mais son
axe tourne autour de la verticale en gardant la même inclinaison, du moins pendant un certain temps.

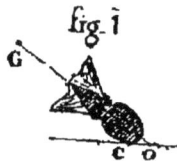

Ce mouvement conique de l'axe autour de la verticale
s'appelle la *précession*.

Pour observer cet effet, il suffit de faire tourner sur le
tapis d'une table de jeu un tonton armé d'un bout d'épingle
en guise de pointe. Dans quel sens a lieu la précession? Je
suppose un petit personnage couché le long de l'axe du ton-

ton, les pieds à la pointe, la tête du côté voulu pour qu'il voie la rotation se.faire de sa gauche vers sa droite, c'est-à-dire dans le sens des aiguilles d'une montre. La figure 3 représente le sens de la rotation que l'on donne habituellement à ce jouet; la figure 4 représente le sens opposé.

Voilà le sens de la rotation défini. Faisons de même pour la précession. Elle a lieu autour de la verticale : plaçons le personnage verticalement, les pieds à la pointe, la tête dans le sens voulu pour voir l'axe tourner dans le sens des aiguilles d'une montre, convention dont nous ne nous départirons jamais. L'expérience prouve qu'il faut le placer comme le montrent les figures 3 et 4, c'est-à-dire que la rotation et la précession, dans le cas actuel, ont le même sens.

Remarque. — L'axe finit par baisser et il arrive un moment où le contour de la toupie vient toucher le sol. Sur une table de marbre le frottement est très-faible : la toupie continue quelquefois à tourner en glissant ; sur une table ordinaire, le glissement se transforme en roulement : le point de contact part dans une direction opposée à la rotation ; il en résulte cet effet curieux qu'au moment où la toupie meurt (*fig.* 5), la précession change brusquement de sens.

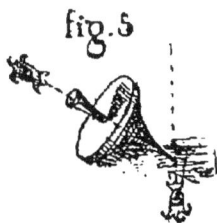

Mouvement d'une toupie fixée par un point de son axe. — Ce mouvement est très-intéressant à étudier, mais la toupie ordinaire se prête mal à cette expérience. Un grand nombre de modèles offre une disposition particulière, qui les rend beaucoup plus maniables. Elle consiste en ce que la toupie proprement dite, ou volant, est traversée par un petit arbre, autour duquel elle est folle, de manière qu'on peut tenir l'arbre d'une main, pendant que l'on imprime la rotation de l'autre; on peut ensuite poser délicatement la toupie sur le sol ou sur un support particulier, en donnant à l'axe l'inclinaison que l'on veut. Nous citerons les trois modèles suivants, qui sont très-ingénieusement disposés et qu'il est facile de se procurer.

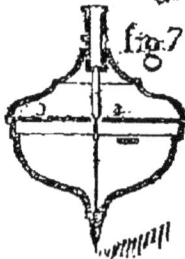

Toupie éolienne (fig. 6 et 7). — Elle est en métal et creuse; le corps est divisé intérieurement par une cloison horizontale en deux compartiments. L'arbre est entouré, à sa partie supérieure, d'un tube dans lequel on souffle pour faire tourner la toupie. L'air, comprimé dans le compartiment supérieur, s'échappe par six petites fentes pratiquées à la circonférence; la rotation se produit comme dans les machines hydrauliques dites *à réaction*.

Toupie merveilleuse (fig. 8). — Le volant, en métal fusible, a la forme d'un tore et se prolonge par une poulie conique, sur laquelle on enroule une ficelle. L'arbre, en fer, est coiffé d'une poignée en bois; il traverse trois boules de cuivre interposées entre la poignée et le volant; une autre boule de cuivre fixe sépare la poulie de la pointe. Si l'on pose la toupie sur le sol et qu'on l'abandonne à elle-même, l'arbre

ne tarde pas à être entraîné par le frottement dans la rotation du volant ; la toupie tourne bientôt comme si elle ne se composait que d'une seule pièce.

Sur un godet de porcelaine, cette toupie marche assez longtemps, cinq ou six minutes ; elle a une grande masse, bien répartie et éprouve un frottement très-faible. On peut la poser par la pointe, ou de préférence par l'une des boules, sur le pied en bois représenté figure 9, en donnant à l'axe une inclinaison quelconque qui peut aller jusqu'à l'horizontale. La main qui soutient l'autre extrémité éprouve une pression verticale de haut en bas, la même que si la toupie ne tournait pas.

fig. 9

Mais si on lâche brusquement cette extrémité, celle-ci ne tombe pas ; elle tourne autour de la boule fixe, l'axe restant assez longtemps presque horizontal.

C'est la plus belle expérience du gyroscope, bien facile à répéter, comme on le voit.

Gyroscope. — Les marchands de jouets vendent, sous ce nom, une toupie qui a un peu démodé la toupie merveilleuse, et qui est représentée ci-contre (*fig.* 10). Le tore fait corps avec un axe en fer et tourne à l'intérieur d'un cercle ou chape en cuivre, à l'extérieur duquel on voit des boules de support.

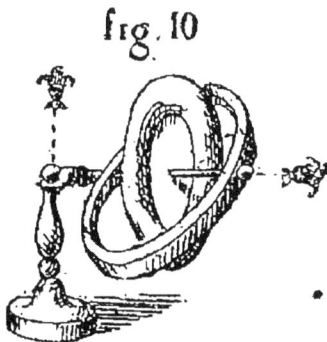

fig. 10

L'expérience précédente peut se faire de la même manière ; on peut, plus facilement, renverser le sens de la précession, en changeant la boule qui sert de point d'appui au gyroscope.

On peut encore, comme avec les toupies précédentes, du reste, suspendre le gyroscope par une ficelle.

Les figures ci-contre indiquent, d'après la convention adoptée, le sens des mouvements de rotation et de précession. Ils sont de même sens, comme nous l'avons constaté, pour la toupie à pointe fixe.

Au reste, l'expérience du gyroscope et celle de la toupie à pointe fixe ne diffèrent pas essentiellement. Si la première est plus saisissante, c'est que tout le monde se rend compte instinctivement que la tendance au renversement est plus grande lorsque l'axe de la toupie est horizontal que lorsqu'il est incliné. Mais cette tendance existe dans les deux cas, et la toupie tomberait si quelque chose ne la soutenait pas. Dire que la rotation développe des forces centrifuges qui annulent l'effet de la pesanteur, ce n'est pas résoudre la question, mais seulement la déplacer. Il s'agit précisément de savoir quand et comment naissent ces forces centrifuges, comment elles produisent l'effet observé.

Nous y reviendrons plus loin; en attendant, lançons-nous dans une digression devenue nécessaire.

Digression. — Le centre de gravité de l'appareil est sollicité par une force verticale P, égale au poids du corps. Nous ne changerons rien aux conditions de l'équilibre ou du mouvement en appliquant au point d'appui O deux forces P et — P opposées et égales au poids moteur. Après cette addition, nous pouvons considérer le corps comme soumis : 1° à la force verticale P agissant au point O, qui est la charge du support et qui n'a aucune action sur la direction de l'axe; 2° au système des deux forces parallèles P et — P, appliquées l'une en G, l'autre en O, système qu'on appelle *couple* et agit uniquement pour dévier l'axe de l'appareil.

L'effet d'un couple dépend de deux éléments : l'intensité

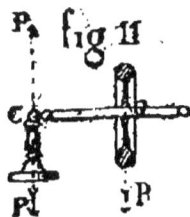

fig. 11

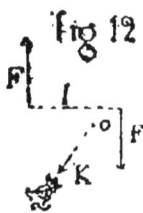

fig. 12

commune des deux forces F qui le constituent et la distance l qui sépare les directions parallèles de ces forces, ou le *bras de levier* du couple. Le produit Fl de ces deux éléments s'appelle le *moment* du couple. On peut modifier le couple à volonté, pourvu qu'on ne change pas la valeur du moment. On peut transporter le couple dans son plan ou dans un plan parallèle, changer la direction et l'intensité de ses forces, faire varier le bras de levier ; mais il faut que ces variations soient tellement combinées que le moment Fl ne varie pas.

Poinsot profite de ces remarques pour représenter un couple d'une manière très-simple et qui conduit à démontrer aisément les propriétés de ces systèmes de forces. Étant donné un couple, prenons un point arbitraire O (*fig.* 12) et menons par ce point une perpendiculaire au plan invariable du couple. Prenons sur cette perpendiculaire, à partir du point O, une longueur OK proportionnelle au moment Fl du couple, et dans un sens tel que si le corps ne pouvait que

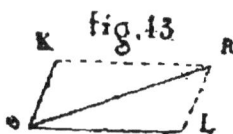

fig. 13

tourner autour de O K sous cette action, un observateur, placé les pieds en O, la tête en K, verrait la rotation se faire dans le sens convenu. — O K s'appelle *l'axe du couple.*

Parmi les propriétés des couples, les suivantes nous seront très-utiles :

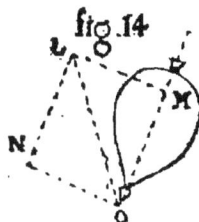

fig. 14

Deux couples, dont les axes sont OK, OL, peuvent se remplacer par un troisième couple résultant, dont l'axe est O R (*fig.* 13), c'est-à-dire que les axes des couples se composent suivant les mêmes règles que les forces. Réciproquement, un couple peut se décomposer en deux ou plusieurs autres, d'une manière analogue aux forces.

Cela posé, appliquons à la toupie un couple quelconque, et choisissant à volonté le point d'appui O pour origine, soit OL l'axe de ce couple. Menons LM perpendiculaire sur l'axe de la toupie, complétons le rectangle OMLN. Le couple OL peut se remplacer par les deux couples OM et ON. Ainsi, un couple quelconque appliqué à la toupie peut se décomposer en deux autres, dont les axes sont dirigés : l'un suivant l'axe de la toupie, l'autre perpendiculairement à cet axe. L'effet du couple OL s'obtiendra en composant les effets que chacun de ces couples aurait produit en agissant seul. Or on démontre ceci :

Le premier couple OM n'agit pas pour dévier l'axe, mais seulement pour accélérer ou ralentir la rotation de la toupie.

Le deuxième couple, ON, au contraire, n'agit pas sur la vitesse de rotation, mais uniquement sur la direction de l'axe. Ces propositions n'offrent rien qui puisse nous surprendre ; il serait trop long de les démontrer ici. Nous les accepterons pour les appliquer à l'expérience du gyroscope (*fig.* 10 *et* 11).

Le couple, dû à l'effet de la pesanteur, ayant son axe constamment normal à l'axe du tore, n'a aucun effet sur la vitesse de rotation de la toupie. Si celle-ci se ralentit avec le temps et finit par s'arrêter, cela tient à une autre cause, au frottement, qui agirait exactement de la même manière si le cercle en cuivre était invariablement fixé.

Tout l'effet de ce couple est employé à déplacer l'axe du tore. L'abaissement de l'axe étant d'abord très-peu sensible, une première observation superficielle le négligera ; et l'on énoncera ainsi le résultat de l'expérience.

Une toupie, soutenue par un seul point de son axe, et ainsi abandonnée à l'action de son poids, est animée d'un mouvement de précession uniforme autour de la verticale.

La théorie signale tout d'abord une impossibilité : l'axe étant en repos au moment où on l'abandonne, ne peut pas instantanément partir avec une vitesse finie. Si la précession est réellement uniforme, ce que nous allons voir, ce ne peut être qu'au bout d'un certain temps, très-court peut-être, mais non infiniment court.

Ce n'est pas tout ; dans ce mouvement de précession, un point quelconque de l'axe se déplacerait horizontalement. Or la théorie indique que l'axe doit commencer par tomber, absolument comme si la toupie ne tournait pas.

Une fois l'axe en mouvement, n'importe comment, les pressions qu'il subit, par le fait même de la rotation, peuvent ne pas être également réparties, et le pousser dans un sens déterminé ; mais, au début, l'axe est immobile ; tout le mouvement est symétrique autour de lui ; s'il subit des pressions, elles sont égales en tous sens et se font rigoureusement équilibre ; chaque point de l'axe est sollicité verticalement par la pesanteur ; rien ne s'opposant à cette action, l'axe commence par tomber comme si la toupie ne tournait pas.

Mais dès que l'axe a bougé, la symétrie des mouvements n'a plus lieu ; les pressions ne se tiennent plus en équilibre. L'axe est poussé dans un certain sens, que l'on peut déterminer, soit par la théorie, soit par l'expérience.

La théorie du gyroscope est difficile ; elle a été l'objet de travaux analytiques remarquables, en particulier d'un beau mémoire de M. Résal. Mais les méthodes, qui ont fourni la solution, exigent, pour être comprises, des connaissances mathématiques élevées. La route était difficile à aplanir ; bien des fois on l'a tenté sans succès. Nous devons donc re-

mercier le capitaine Jouffret qui, dans la *Revue d'artillerie*
(juin 1874), a présenté cette théorie avec une clarté et une
simplicité remarquables. Nous signalons cet excellent article
aux lecteurs qui désireront une explication complète des curieux phénomènes que nous exposons.

Nous nous contenterons d'enregistrer les résultats de la
théorie, en les développant quelquefois, mais sans nous as-
treindre à les démontrer.

Nous venons de voir qu'une observation superficielle ne
suffit pas pour connaître le mouvement exact de la pointe
libre du gyroscope. On pourrait, à la rigueur, par une expérience, déterminer la véritable nature de ce mouvement.
Cette pointe libre reste à une distance invariable du point
d'appui, et, par conséquent, ne quitte pas la sphère qui a ce
point pour centre. Si l'extrémité libre de la toupie était ar-
mée d'un petit fil de laiton, et l'appareil enfermé dans une
sphère de métal intérieurement enduite de noir de fumée,
on retrouverait, après l'expérience, à l'intérieur de la sphère,
une courbe tracée par l'appareil lui-même et qui peindrait

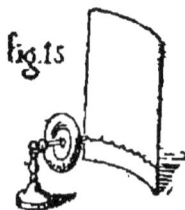

toutes les circonstances de son mouvement.
Si l'axe est horizontal à l'origine, comme il
baisse très-peu pendant un temps assez long,
on peut remplacer la sphère par un cylin-
dre vertical, obtenu en enroulant une feuille
de laiton (*fig.* 15). S'il n'y avait pas de frottements en jeu dans l'appareil, la feuille de laiton, développée
sur un plan, offrirait un dessin ana-
logue à celui de la figure 16 *a*.

L'examen des figures 16 *a* et
16 *b* confirme les prévisions théo-
riques énoncées plus haut. La
pointe part du repos A, et baisse
verticalement, puis elle oblique

fig. 16 *a*

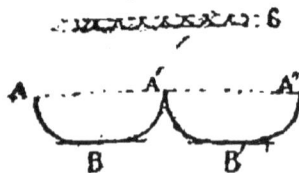

fig. 16 *b*

et finit par marcher horizontalement B ; elle remonte à la hauteur de son point de départ en décrivant une deuxième demi-oscillation symétrique de la première, et arrive en A', en marchant verticalement. Là elle s'arrête, puis recommence une oscillation semblable A'B'A", de sorte que le mouvement complet se compose d'une série indéfinie d'oscillations identiques.

De là les conséquences mécaniques, suivantes, indiquées par la théorie.

L'axe commence par tomber, comme si la toupie ne tournait pas. Mais, dès qu'il se met en mouvement, il résulte de ce déplacement et de la rotation de la toupie, des pressions sur l'axe qui le dévient latéralement, et neutralisent la pesanteur, en partie d'abord, puis totalement. C'est au point le plus bas de la boucle que les forces centrifuges font exactement équilibre au poids de l'appareil ; l'axe ne dépasse cette position qu'en vertu de la vitesse acquise ; ensuite l'axe remonte par l'effet des forces centrifuges, auxquelles résiste la pesanteur ; ces forces ont de plus à annuler la vitesse acquise par l'axe.

La vitesse de la pointe croît depuis le point de départ jusqu'au bas de sa course et décroît symétriquement pendant la deuxième demi-oscillation.

L'oscillation complète *de la pointe* est analogue à celle d'un pendule. Lorsque la rotation est assez rapide, ces oscillations ont une amplitude et une durée très-faibles.

L'axe semble décrire un plan horizontal et son mouvement paraît uniforme, comme celui de l'aiguille d'une horloge, et pour la même raison.

Non-seulement la théorie rend compte de tous ces effets, mais elle en évalue numériquement toutes les circonstances, telles que l'amplitude de l'oscillation dans le sens horizontal et dans le sens vertical et sa durée. Ces éléments permettent

de déterminer la vitesse moyenne de la précession, ou la vitesse de la précession apparente, à laquelle tout le mouvement semble se réduire.

L'oscillation verticale de l'axe ou *nutation* se présente, quand l'appareil tourne vite, comme une perturbation très-faible de son mouvement, et est peu sensible à l'œil. Mais elle produit un son que l'oreille perçoit.

La *précession* est la partie principale du phénomène, il faut

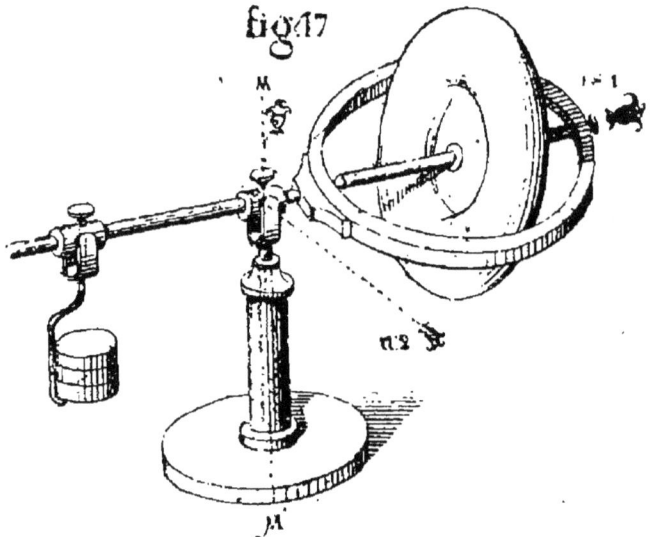

fig. 17

étudier avec un soin particulier les circonstances qui déterminent son sens et sa vitesse.

Pour cela, modifions le gyroscope; prolongeons, au delà du support, l'axe par une tige le long de laquelle nous pourrons faire glisser ou fixer un contre-poids; remplaçons la boule du support par une goupille traversant la tige et les deux branches d'une fourche, extrémité supérieure d'un arbre vertical tournant. Nous aurons la balance gyroscopique de Fessel et Plücker représentée ci-dessus (*fig.* 17). Cet appareil dont le prix n'est pas très-élevé (40 à 60 francs), suffit à une étude très-complète du gyroscope; nous voudrions le voir figurer dans les Réunions d'officiers et dans les écoles.

Sens de la précession. — Plaçons d'abord le contre-poids de manière que le côté du volant soit le plus lourd; faisons tourner l'appareil et lâchons-le sous une inclinaison quelconque, la précession se fera dans le sens indiqué par la figure. Répétons l'expérience en plaçant le contre-poids de manière que le côté du volant soit le plus léger, la précession aura lieu en sens inverse. Faisons tourner le volant en sens inverse, nous renverserons encore le sens de la précession.

Le sens de la précession dépend donc de celui de la rotation du tore, et de celui du couple moteur. La règle suivante permet de le déterminer d'avance sans hésitation.

Placez un bonhomme sur l'axe du volant, les pieds au point fixe, la tête de manière qu'en regardant vers ses pieds, il voie le volant tourner dans le sens convenu, celui des aiguilles d'une montre. Marquez cette tête du n° 1. Du point fixe, élevez une perpendiculaire au plan vertical de l'axe du volant; couchez un deuxième bonhomme sur cette ligne du côté voulu pour qu'ayant les pieds au point fixe, il voie le volant *en repos* basculer sous l'effet de la pesanteur toujours dans le même sens, de gauche à droite. Quand le volant tournera, la précession aura lieu dans un sens tel que la tête n° 1 marche vers la tête n° 2.

Remarques. — Cela revient à dire que le point de l'axe marqué par la tête n° 1 a une vitesse parallèle à l'axe du couple. Cette règle peut s'énoncer encore d'une autre manière : *La précession se fait dans le sens qui amènerait le tore à tourner autour de l'axe du couple et dans le même sens.* L'axe du tore tend à devenir parallèle à l'axe de la ro-

tation imprimée par le couple. C'est ce que l'on appelle *la
règle du parallélisme des axes.*

Vitesse de la précession. — Si l'on répète l'expérience, en
donnant au volant des rotations plus ou moins rapides, on
observe que la précession est d'autant plus lente que le volant tourne plus vite. Si, au contraire, donnant autant que
possible la même vitesse de rotation au volant, on éloigne
progressivement le centre de gravité du point fixe, en dépla-
çant le contre-poids, on reconnaît que la précession est d'autant plus rapide que le centre de gravité est plus en dehors
du point d'appui, c'est-à-dire que le moment du couple moteur est plus considérable.

La théorie confirme ces observations et les complète ; elle
indique que : la vitesse de la précession est proportionnelle
au moment du couple moteur, et en raison inverse de la vitesse de rotation du tore. (*Note.* M étant le moment du couple, ω la vitesse angulaire de la rotation imprimée au tore,
A une quantité constante pour chaque appareil, la précession
moyenne ou apparente a pour vitesse

$$\frac{M}{A\omega}$$

formule très-simple, qui
conduit à d'importantes
conclusions. A est le *moment d'inertie* du tore autour de son axe.)

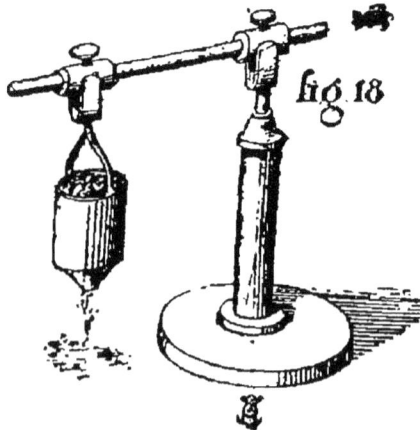

fig 18

C'est le lieu d'indiquer
une jolie expérience, dont
l'explication ressort clai-
rement de ce qui précède.
Dans la balance gyrosco-
pique, on remplace le
contre-poids par un réser-

voir en métal mince que l'on remplit de grenaille de plomb.
Le fond du réservoir est percée d'une ouverture convenable
pour laisser écouler lentement la grenaille. Au commencement de l'expérience, c'est le côté du réservoir qui est le
plus lourd; la précession a le sens indiqué par la figure. A
mesure que l'écoulement se produit, le centre de gravité se
rapproche du point de suspension, le couple moteur diminue, la précession se ralentit. Elle cesse quand les deux parties
de l'appareil ont le même poids. La grenaille continuant à
s'écouler, le côté du volant devient le plus lourd; la précession change de sens et s'accélère jusqu'à ce que le réservoir soit vide.

Dans l'expérience ordinaire, on voit également la précession s'accélérer avec le temps; cela résulte de ce que la
rotation du tore se ralentit par suite du frottement de ses
pivots. Le tore imprime, en outre, à l'air, qui l'entoure, un
mouvement giratoire, qui a aussi pour effet de ralentir la
rotation du tore et, par suite, d'accélérer la précession.

En résumé, le fait le plus saillant de cette célèbre expérience de Foucault consiste en ce que l'axe ne se meut pas
dans la direction de la force qui le sollicite, mais *dans une
direction perpendiculaire* (ou encore, en termes équivalents,
un point de l'axe se meut parallèlement à l'axe du couple
moteur).

L'expérience permet de généraliser ce fait. Cherchons à
accélérer la précession de l'axe en le poussant avec la main,
ou mieux, avec une règle verticale; nous éprouvons une
résistance considérable; au lieu du résultat cherché, nous
obtenons le redressement de l'axe. Or, pousser l'axe dans
le sens de la précession, c'est appliquer à l'appareil un couple dont l'axe est dirigé verticalement comme O M (*fig.* 17);
la tête n° 1 du bonhomme, qui observe le tore, se déplace
dans le sens O M, c'est-à-dire qu'elle se redresse.

Si nous plaçons la règle en avant de l'axe pour ralentir la
précession, le couple change de sens ; son axe vient en O M' ;
la tête se déplace dans le même sens, l'axe baisse. La même
règle nous indique encore que pour accélérer la précession,
il faut peser sur l'axe et, pour la ralentir, chercher à le sou-
lever, ce que l'expérience confirme.

Disposons le contre-poids de manière que le système soit
en équilibre sur le point d'appui. Attachons une ficelle à
l'une des extrémités de l'axe. Dans quelque sens que l'on tire
sur cette ficelle, l'axe se déplace perpendiculairement au
sens de la traction. Il n'y a d'hésitation possible qu'entre les
deux sens opposés dans lesquels l'axe peut suivre cette direction, et nous n'avons pour la lever qu'à généraliser la
règle du parallélisme des axes.

La rotation du tore étant observée par la tête nº 1, celle
que la force imprimerait à l'appareil, si le tore ne tournait
pas, par la tête nº 2 : la tête nº 1 se déplacera parallèlement
à la ligne qui va des pieds à la tête de l'observateur nº 2.
La théorie indique que cette règle si simple est très-appro-
chée toutes les fois que la mutation est négligeable, c'est-à-
dire quand la rotation du tore est très-grande relativement
au couple moteur.

Nous admettrons que cette condition est réalisée, et nous
tirerons de la règle quelques conséquences.

Dans toutes les expériences décrites ci-dessus, des frottement tendent à ralentir le mouvement de précession ; leur
effet doit être non de ralentir la précession, mais de faire
baisser l'axe, ce qui est vrai.

L'effet est plus ou moins sensible suivant la vitesse de la
précession ; cela nous conduit à une expérience, au premier
abord très-paradoxale : enlevons le contre-poids de la balance,
afin de donner au couple moteur le plus grand moment possible ; nous avons en même temps la précession la plus ra-

pide : l'abaissement de l'axe est très-peu sensible, on ne le reconnaît qu'à la longue.

Au contraire, plaçons le contre-poids de manière à ce que les deux côtés se fassent équilibre aussi bien que possible.

On met le tore en rotation, et l'on s'assure qu'il n'y a pas de précession. On ajoute alors une très-petite surcharge au contre-poids, et l'on voit l'axe baisser, mais sans dévier latéralement; la précession reste nulle. Un très-petit poids fait tomber l'appareil, ce que n'a pu faire un poids beaucoup plus considérable.

Pour expliquer ce fait, il faut se rendre un compte exact de la manière dont agit le frottement. Lorsque, sous l'influence de la pesanteur, l'axe a un peu baissé, il naît un couple qui le pousse latéralement, nous, l'appellerons pour abréger, le couple de précession.

Il n'a aucun effet, parce qu'il se développe immédiatement un couple de frottement, qui équilibre le premier. L'axe continue à baisser, le couple de précession augmente et le couple de frottement aussi, exactement de la même quantité. Seulement, le couple de frottement ne peut croître au delà d'une certaine limite, qui dépend du poids de l'appareil, de la nature des surfaces en contact, etc. Cette limite atteinte, la précession aura lieu, déterminée, non pas intégralement par le couple de précession, mais par ce couple diminué du couple de frottement. Or, ce moment arrive d'autant plus tôt que l'axe baisse plus rapidement, c'est-à-dire que le poids moteur est plus grand. Si ce poids est faible, il peut arriver que le couple de précession n'atteigne jamais une intensité suffisante pour vaincre le frottement, et alors l'axe baisse dans un plan vertical.

Nous voyons, par cet exemple, que si l'on supprime la précession, l'axe tombe comme si le tore ne tournait pas. Le fait est facile à vérifier. Pinçons l'arbre vertical de l'appareil entre les doigts pour empêcher tout mouvement de précession : l'appareil n'oppose plus aucune résistance à la pesanteur, il bascule.

Le frottement qui s'exerce entre l'axe de l'appareil et la goupille autour de laquelle il peut basculer donne lieu à des effets analogues.

L'appareil résiste à tout effort ayant pour but d'accélérer ou de ralentir la précession ; le seul effet est le redressement ou l'abaissement de l'axe. Mais l'appareil ne peut basculer qu'entre certaines limites, et l'axe vient buter contre la fourche du support. Dès que l'axe est ainsi arc-bouté, on n'éprouve plus aucune résistance et il suffit d'une légère impulsion pour faire faire à l'appareil plusieurs tours. — Si, lorsque le mouvement de bascule est libre, on cherche à modifier la précession par un effort très-faible, le frottement de la goupille annule la nutation, la bascule de l'axe, et l'effort produit tout son effet dans le sens où il est appliqué, comme si le tore ne tournait pas.

C'est pourquoi, avant d'appliquer la règle du parallélisme des axes, il faut s'assurer que l'axe du tore peut réellement marcher dans la direction qu'elle indique.

La balance gyroscopique ne permet à l'axe de basculer qu'entre certaines limites; dans le gyroscope proprement dit, l'axe est absolument libre, aussi bien dans le sens vertical que dans le sens horizontal.

Le tore tourne à l'intérieur d'un premier cercle, ou chape, A, fig. 19, que nous appellerons la chape interne. La chape interne peut tourner à l'intérieur de la chape moyenne B, autour d'un diamètre perpendiculaire à l'axe du tore.

Celui-ci peut donc déjà prendre toutes les inclinaisons possibles.

Enfin la chape moyenne peut tourner autour d'un diamètre

vertical, à l'intérieur d'une chape *externe* C, qui joue simplement le rôle de support.

Ce second mouvement permet de mettre l'axe du tore dans un plan vertical quelconque.

Cet appareil réalise, autant que cela est possible, un corps de révolution suspendu par son centre de gravité et pivotant librement autour de ce point.

Si le tore et les chapes ne sont pas parfaitement centrés, le tore a une position déterminée d'équilibre. On cherche, au contraire à le mettre en équilibre indifférent, et l'on y arrive, grâce aux frottements. Plus ils sont faibles, plus le centrage est difficile.

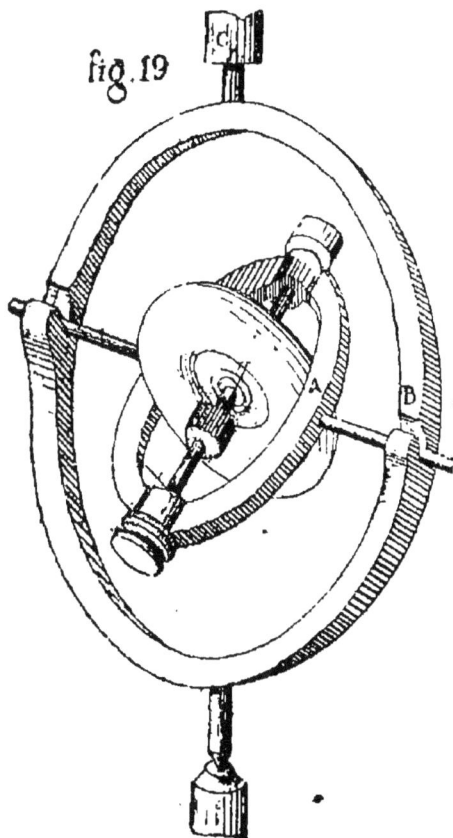

fig. 19

Le gyroscope de M. le colonel Maldan est représenté ci-contre (*fig.* 19), d'après l'ouvrage de M. le colonel Capdevielle. Il offre la disposition générale que nous venons de décrire; il permet en outre de retirer le tore très-facilement pour lui imprimer la rotation à l'aide d'une roue dentée, et de le replacer. A cet effet, la chape interne porte un arbre cylindrique interrompu, qui repose sur deux crans pratiqués dans la chape moyenne. Le centre de gravité n'est pas toujours exactement sur l'axe vertical de rotation de la chape moyenne, mais cela ne présenterait d'inconvénient que pour des expériences de haute précision, auxquelles l'appareil n'est pas destiné.

Si l'on veut répéter l'expérience de la toupie à pointe fixe, on suspend un petit poids à l'une des extrémités de l'axe du tore, ou bien on enlève la chape interne et on la suspend à un fil.

Le tore étant en rotation et aucun contre-poids n'étant suspendu à l'appareil, l'axe reste immobile. Cherchons à mouvoir la chape moyenne, elle résiste comme si elle était fixe; c'est la chape interne qui se meut en élevant une des extrémités de l'axe du tore, Si l'action de la main est assez prolongée, l'axe du tore devient vertical. A partir de ce moment la chape moyenne ne nous oppose plus aucune résistance.

Maintenant agissons en sens inverse : que doit-il se produire? Il semble, au premier abord, que l'axe ne doit pas se déplacer, puisque le couple moteur a son axe confondu avec celui du tore. Mais, pour peu que cette coïncidence n'existe pas, l'axe du tore tend à se déplacer, et cela de telle sorte que le tore et la chape moyenne tournent dans le même sens. Or ils tournent actuellement en sens inverse; l'axe est donc en équilibre instable et doit se retourner bout pour bout, c'est-à-dire culbuter. Pendant tout ce temps, la chape moyenne résiste à la main ; la culbute achevée, il n'y a plus de résistance.

La figure 20 représente un petit appareil culbutant dû à M. Hardy, et qui est disposé d'une façon très-ingénieuse. Le support en fonte S remplace la chape externe; une petite lanière en caoutchouc est attachée d'un côté au support, de

Fig.20

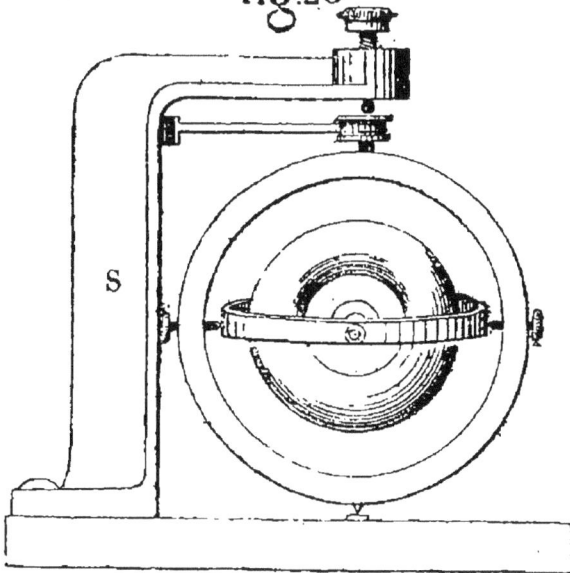

l'autre à une poulie qui surmonte la chape moyenne et fait corps avec elle. On commence par faire tourner la chape moyenne d'un ou deux tours; la bande de caoutchouc s'enroule sur la poulie et se tend. On met ensuite le tore en mouvement et on lâche la chape moyenne. Elle reste d'abord immobile, malgré la tension du caoutchouc, qui n'a pour effet que de redresser l'axe du tore. Ce redressement opéré, la chape moyenne obéit à la traction du caoutchouc, tourne d'un mouvement accéléré; la bande se déroule et s'enroule en sens inverse sur la poulie et se tend; la chape moyenne se ralentit et s'arrête; le tore culbute, et la chape moyenne ne repart qu'ensuite; la même série de mouvements se répète tant que le tore conserve une vitesse suffisante.

Nous sommes dès à présent en mesure de prévoir l'effet d'une force quelconque appliquée au gyroscope. Voici quelques exemples qui conduisent à des expériences curieuses.

Le tore étant en mouvement, approchons de son axe l'arête d'une règle, de manière à l'amener au contact, mais sans exercer aucune pression ; il se développera au point de con-

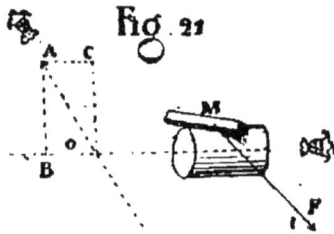

tact M un frottement F, en sens inverse du mouvement de ce point. L'effet de ce frottement équivaudra à celui d'un couple oblique, dont nous obtiendrons l'axe en élevant du point fixe O une perpendiculaire O A au plan OMF, dans un sens convenable. Ce sens est tel que si O A était fixe dans le corps, de sorte qu'il ne pût que tourner autour de cette ligne, l'observateur O A verrait la rotation se faire de sa gauche à sa droite, sous l'influence du couple. Le couple oblique O A se décompose en deux autres, O B, O C, dont le premier ralentit la rotation du tore, et le second tend à déplacer l'axe, conformément à la règle du parallélisme des axes. Cette règle indique que l'axe du tore marche vers l'obstacle, contre lequel il exercera une certaine pression. Par suite de cette pression, l'axe du tore roulera sur la règle et suivra son arête. Nous n'avons fait aucune hypothèse sur la direction de la règle, qui peut être quelconque.

Le résultat serait encore le même si l'on remplaçait cette arête rectiligne par une ligne brisée ou par une ligne courbe. Si donc on amène au contact de l'arbre du tore un contour quelconque, l'arbre s'appliquera sur ce contour et roulera sur lui.

Cette expérience est malaisée avec le gyroscope, à cause des chapes ; mais elle se fait très-bien avec l'appareil suivant, de M. H. Robert, dont nous empruntons la description au mémoire de M. Sire.

« Il se compose de trois parties bien distinctes :

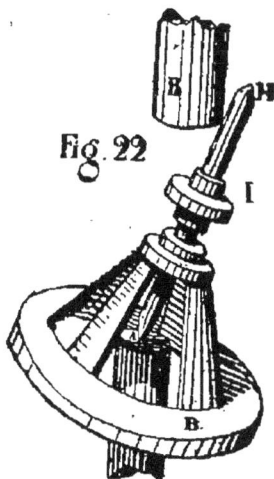

Fig. 22

« 1° D'un axe d'acier AH terminé par deux pointes coniques ;

« 2° D'un cône tronqué en laiton, faisant corps avec l'axe d'acier ;

« 3° D'une masse mobile, ou curseur, qui peut glisser à frottement doux sur la partie cylindrique de l'axe AH.

« Le cône B est fixé à l'axe d'acier de telle sorte que quand le curseur I en est le plus près possible, et qu'on fait reposer tout le système sur la pointe A, l'appareil se trouve dans un état d'équilibre stable, le centre de gravité se trouve au-dessous du point d'appui.

Dans ces conditions, l'axe A H conserve une position verticale.

« Si, au contraire, on élève le curseur d'une certaine quantité, on fait assez remonter le centre de gravité pour qu'il se trouve au-dessus de la pointe A ; l'instrument est dans un état d'équilibre instable ; il tombe lorsqu'on l'abandonne à lui-même.

« Enfin il est évident qu'entre ces deux positions extrêmes du curseur il y a une position intermédiaire qu'on trouve par tâtonnements, et telle que le centre de gravité coïncide exactement avec le point d'appui. On obtient alors l'équilibre indifférent.

« Pour mettre cet appareil en rotation on poste la pointe A sur un petit support particulier dont la partie supérieure offre une légère creusure, en même temps qu'on abaisse une pièce à bascule qui vient s'appuyer sur l'autre pointe de l'axe lorsqu'il est vertical. On enroule une ficelle déliée sur l'axe au-dessus du curseur, et on la déroule lestement ; on communique ainsi une rotation très-rapide et qui dure fort longtemps lorsque la pièce à bascule a été relevée.

« *Rotations périmétriques.* — Si, pendant que l'appareil tourne, on approche de l'extrémité supérieure de l'axe de rotation un corps solide, tel que le bout d'un crayon ou d'une règle, immédiatement l'axe de rotation s'applique contre le corps, exactement comme s'il y avait une attraction magnétique entre eux, et l'on voit cet axe rouler à la surface du corps interposé et en parcourir toute l'arête de contact, quelle que soit la forme de cette dernière. Ce roulement périmétrique de l'axe a toujours lieu dans le même sens que la rotation de l'axe sur lui-même.

« On peut substituer au corps cylindrique B d'autres objets offrant les contours les plus variés sans que l'axe d'acier cesse de les presser et d'en parcourir toutes les sinuosités, et cela avec d'autant plus de vivacité que la vitesse de rotation de l'appareil est plus forte et que le diamètre de l'axe est plus grand. »

On peut donner au curseur une position quelconque, mais il en résulte des variantes dans le résultat.

1° Si le centre de gravité coïncide avec le point d'appui, l'axe ne quitte jamais le contour interposé et s'arrête en contact avec lui.

2° Il en est de même si le centre de gravité est au-dessous du point d'appui. Si l'on enlève le contour, l'axe prend une précession due à l'effet de la pesanteur, inverse de la rotation de l'appareil, par conséquent aussi de son mouvement périmétrique.

3° Si le centre de gravité est au-dessus du point d'appui, le frottement de la pointe fixe finit par faire baisser l'axe, qui abandonne le contour ; il garde, par l'effet de la pesanteur, une précession de même sens que la rotation périmétrique, mais qui n'a pas la même vitesse.

Toutes les fois qu'une toupie rencontre un obstacle, il se produit un effet analogue à celui que nous venons d'étudier ;

mais cet effet se complique du déplacement de la pointe, qui n'est pas fixée au sol et qui tend à rouler dès que la toupie n'est plus verticale.

C'est ainsi que s'explique la violence des chocs que reçoit la toupie quand elle arrive sur un corps élastique, même avec une très-faible vitesse. Tout le monde connaît le jeu de la toupie hollandaise. La toupie employée dans ce jeu est très-haute et sa partie supérieure a un grand diamètre (*fig.* 25); lorsqu'elle vient toucher les galeries de fer qui entourent la table, le couple de frottement développé par le contact a un grand moment : la toupie appuie donc très-fortement sur l'obstacle, qui réagit avec une force égale. Cette réaction a un double effet : elle projette le centre de gravité dans sa direction et elle imprime à la toupie, autour de ce point, une précession rapide qui la ferait bientôt tomber si elle n'était parfaitement organisée, comme nous le verrons plus loin, pour se redresser dès que le choc a cessé.

Comme deuxième exemple du parti qu'on peut tirer de la règle du parallélisme des axes, nous allons chercher la cause du redressement de la toupie.

Disposons l'appareil de M. Robert de manière que le centre de gravité soit au point d'appui, et disposons au-dessus une petite plaque horizontale que nous ferons descendre doucement jusqu'à toucher l'extrémité supérieure de l'axe, terminée cette fois par une pointe très-émoussée ou par une boule. Nous savons déjà que la boule pressera fortement le plan et roulera sur lui, l'axe de l'appareil décrivant un cône droit autour de la verticale. Voilà ce qui se passera si le plan est fixe ; mais s'il est équilibré et suspendu de manière à céder à la pression de la boule, il remontera sans que le contact cesse ; le cône décrit par l'axe deviendra de plus en plus aigu, enfin l'axe se redressera jusqu'à la verticale.

On obtiendrait le même résultat en disposant la plaque horizontale comme ci-contre (*fig.* 23), de manière à ce que le contact eût lieu sur le cône inférieur.

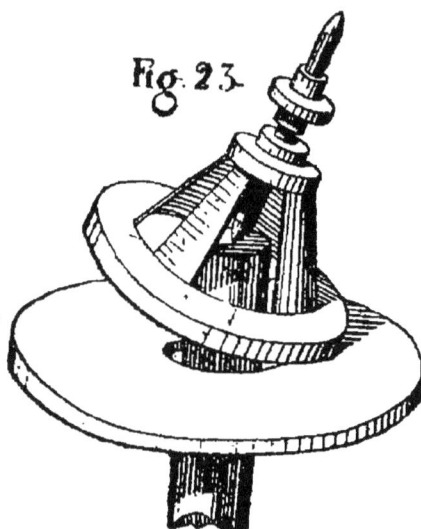

Fig. 23

Cette expérience a une analogie frappante avec le redressement de l'axe de la toupie ; elle en diffère en ce que le centre de gravité est fixe et le sol mobile, tandis que l'inverse a lieu pour la toupie. Elle suffit pour affirmer que la toupie se redresse par l'effet du frottement au point de contact de la pointe avec le sol. On peut la répéter avec toutes les toupies : en touchant la partie supérieure avec une feuille de papier tenue horizontalement, on provoque le redressement de l'axe.

Fig. 24

La figure 24 représente la toupie prolifère, que l'on redresse ainsi en la touchant avec le doigt à la partie supérieure.

De l'explication que nous venons de donner du redressement de la toupie ressort cette conséquence : le couple de redressement est d'autant plus intense que le point de contact est plus loin du centre de gravité et le sol moins poli; il est d'autant plus oblique sur l'axe

fig. 25

Fig. 26

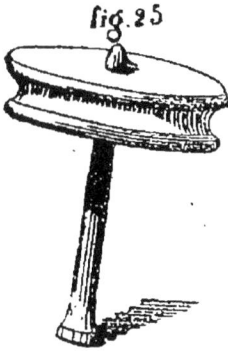

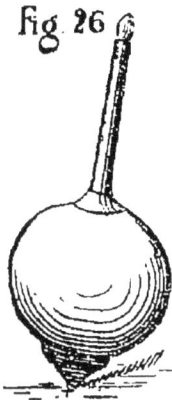

que le point de contact est plus éloigné de cet axe ; or l'intensité et l'obliquité du couple favorisent toutes deux le relèvement. Si l'on veut qu'une toupie se redresse rapidement, il faut lui donner une pointe très-émoussée, ou plutôt la terminer par une calotte sphérique presque plate ; il faut encore élever son centre de gravité. C'est parce que la toupie hollandaise est ainsi faite (fig. 25) qu'elle se redresse si bien, en dépit des chocs violents qu'elle subit. La toupie allemande (fig. 26), qui offre la disposition contraire, se relève mal. On peut dire en général :

Une toupie est d'autant plus stable quand elle tourne qu'elle serait plus instable ne tournant pas.

Cependant cela n'est vrai que dans les limites où la nutation est négligeable, et elle cesse de l'être pour les corps de forme très-allongée, même quand ils tournent assez rapidement.

II

Le tore d'un gyroscope est un corps suspendu de manière à pouvoir librement tourner dans tous les sens autour de son centre de gravité immobile. Supposons d'abord que cette conception puisse être réalisée d'une manière parfaite. Si aucune force extérieure n'est appliquée directement au tore, on pourra transporter l'appareil avec une vitesse et dans une direction quelconque sans que le tore prenne aucun mouvement de rotation. Son centre de gravité se transportera dans l'espace, l'axe du tore restant parallèle à lui-même.

En particulier, posons un semblable appareil n'importe où sur la terre; qu'observera-t-on?

Rien, évidemment, si la terre est immobile; si elle se meut, comme nous participons à son mouvement, le tore, en réalité immobile, nous paraîtra en mouvement. Du sens et de la vitesse de sa rotation apparente, nous pourrons déduire la rotation de la terre, égale et opposée à celle du tore.

L'expérience n'est pas réalisable dans ces conditions. En premier lieu, le tore subit directement l'entraînement de l'atmosphère; en outre, les différentes chapes de la suspension lui transmettent leur mouvement par frottement; on n'observerait qu'une chose, la parfaite immobilité du tore.

Mais si le tore est animé d'une rotation très-rapide, il en est tout autrement. Il oppose à toutes ces causes d'entraîne-

ment une résistance qui croît avec sa vitesse, sans autre limite que celle imposée à cette vitesse même. Tel est le principe de la célèbre expérience de Foucault. Pour le réaliser,
il a fallu employer un appareil admirablement construit,
réduire considérablement les frottements, centrer le tore
avec un soin extrême; car tout défaut de centrage donnerait
lieu à une préces-
sion que les frotte-
ments seraient trop
faibles pour annu-
ler, précession due
à une cause dif-
férente de celle
qu'on veut mettre
en évidence. La
précession du tore,
égale et opposée à
celle de la terre,
est très-lente; il
faut l'observer avec
une lunette (*fig.*27),
et l'appareil s'ar-
rête nécessaire-
ment après un dé-
placement assez
faible. Si ingénieu-
se que soit l'idée,

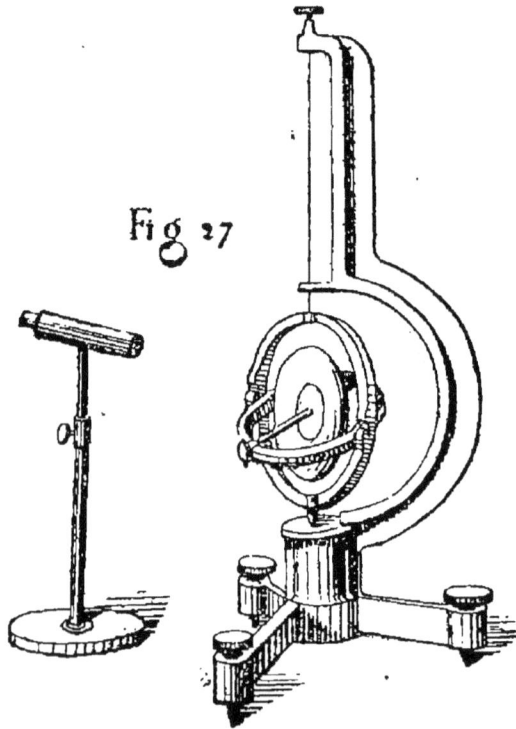

Fig 27

ce n'est pas une expérience de démonstration aussi bonne
que celle du pendule, du même savant.

Dès 1859, M. Sire avait présenté à l'Académie des sciences, sous le nom de polytrope, « un appareil destiné à mettre en évidence certains phénomènes dus à la composition
des mouvements de rotation et à faire comprendre les di-

verses applications qui en ont été faites. » **M.** Sire a publié,
sur son appareil, un mémoire des plus intéressants, auquel
nous avons fait quelques emprunts. Ce mémoire, présenté le
13 décembre 1860 à la société d'émulation du Doubs, a été
l'objet d'un rapport dont nous détachons ce qui suit :

« Dans la séance du 13 décembre 1860, **M.** Sire a répété,
devant la société, une série d'expériences fort intéressantes

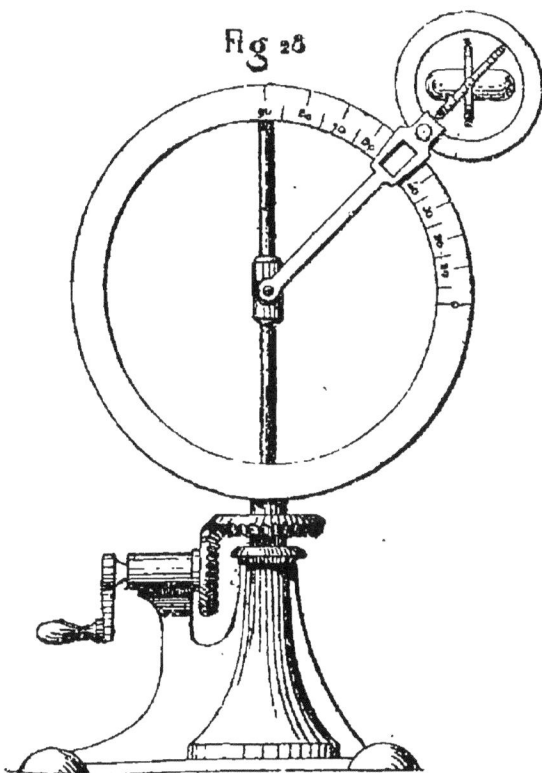

Fig 28

sur la composition des mouvements de rotation ; il a fait
usage, dans ce but, d'un appareil de son invention, auquel

il donne le nom de polytrope. Cet appareil se prête d'une manière remarquable à l'étude de l'influence que la rotation terrestre exerce, aux différentes latitudes du globe, sur les mouvements des corps tournants : il se compose d'un tore auquel on peut imprimer autour de son axe un mouvement de rotation très-rapide, et d'un cercle en bronze qui figure l'un des méridiens terrestres. Le tore se fixe sur la circonférence de ce cercle au moyen d'un système de trois chapes concentriques qui constituent une véritable suspension de Cardan ; son axe est alors libre de prendre dans l'espace toutes les directions possibles. On peut aussi, à l'aide de pinces ou de goupilles convenablement disposées, relier la chape moyenne soit à la chape intérieure, soit à la chape extérieure. Dans le premier cas, c'est-à-dire quand l'axe du tore est complétement libre, la rotation du cercle qui représente le méridien terrestre n'a aucune influence sur la rotation du tore ; l'axe de celui-ci se transporte dans l'espace en conservant toujours sa direction première. Au contraire, quand on introduit des liaisons dans le système, les deux rotations se composent entre elles, et la rotation résultante tend à placer l'axe du tore parallèlement à l'axe de la terre. »

Je me bornerai à donner une liste des expériences principales indiquées par M. Sire, et pour chacune d'elles une explication sommaire.

PREMIÈRE EXPÉRIENCE. — DÉTERMINATION DU MÉRIDIEN. — « *Tout corps tournant autour d'un axe libre de se mouvoir sans sortir du plan horizontal, s'oriente de telle sorte que l'axe de rotation soit dans le plan du méridien, et qu'il tourne dans le même sens que le globe.* »

On place le gyroscope sur le méridien à une latitude

Fig. 29

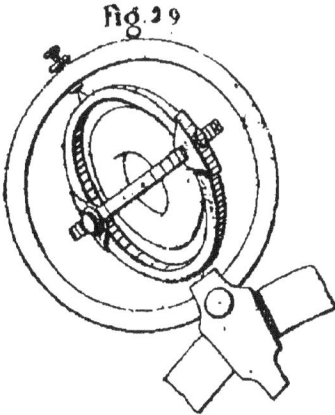

moyenne ; la chape intérieure
et la chape moyenne sont fixées
par des pinces à angle droit
l'une sur l'autre (*fig.* 29). Le tore
étant mis en mouvement, on
fait tourner le méridien : aussi-
tôt on voit l'axe du tore se déplacer, osciller de part et d'autre du méridien dans lequel il
finit par se fixer, si l'on a soin
d'entretenir la rotation du méridien.

Explication. — Dans cette expérience, le méridien part
du repos, et on le met en mouvement par un effort qui équivaut à un couple dont l'axe est dirigé suivant l'axe du
monde, vers l'un ou l'autre pôle, suivant le sens donné à la
rotation du méridien. Ce couple agirait sur le tore, quand
même il n'y aurait pas de liaison entre les chapes, à cause
des frottements. La loi du parallélisme des axes indique de
suite que l'axe du tore tend à se placer parallèlement à l'axe
du monde, de sorte que la rotation de la terre et celle du
tore aient lieu dans le même sens.

La liaison des chapes ne permet pas à l'axe du tore de
prendre cette position, mais seulement de s'en rapprocher.
L'axe se met en effet le plus près possible de l'axe du
monde, c'est-à-dire dans le plan méridien.

Remarques. — A l'équateur, la liaison des chapes permet
à l'axe du tore de prendre sa véritable position d'équilibre.

Au pôle, au contraire, le tore ne peut se mouvoir que
dans le plan du couple et lui obéit comme s'il ne tournait
pas. Il n'y a pas de position d'équilibre, pas d'orientement
déterminé.

L'explication de M. Sire repose sur la composition de rotations uniformes ; elle ne s'applique qu'à partir du moment où le méridien tourne uniformément. Même alors, l'axe du tore tend à se placer parallèlement à l'axe du monde ; cette tendance « se manifeste par une action plus ou moins forte sur les pinces qui relient la chape intérieure à la chape moyenne, et qui en occasionnent la rupture dans le cas de rotations un peu brusques. »

DEUXIÈME EXPÉRIENCE. — LES ROTATIONS TENDENT TOUJOURS A S'EFFECTUER DANS LE MÊME SENS. — « Si, dans l'expérience précédente, on n'a pas préalablement constaté le sens de la rotation initiale du tore, il est difficile de s'assurer que les deux rotations sont réellement dans le même sens. Mais on peut en avoir une preuve immédiate en intervertissant l'une des deux rotations ; ce que l'on fait en faisant tourner le méridien en sens inverse. » L'axe fait la culbute chaque fois que l'on change le sens de la rotation du méridien.

« Afin d'augmenter la durée des phénomènes dont il vient d'être question, on peut réaliser la disposition suivante : A la place de la pointe qui d'ordinaire termine inférieurement la masse pesante dans l'expérience du pendule de M. Foucault, on fixe le gyroscope de façon que l'axe de rotation de la chape moyenne soit sur le prolongement du fil de suspension. Mettant ensuite le tore en rotation, puis écartant le pendule de sa position d'équilibre, on voit que chaque fois que les oscillations changent de sens, l'axe du tore fait instantanément une demi-révolution, de sorte que le phénomène se reproduit alternativement et dure aussi longtemps que le tore tourne sur son axe.

« Si, au lieu de faire exécuter au pendule des oscillations planes, on le transforme en un pendule conique, le plan de rotation du tore reste constamment dans la surface conique engendrée par le fil de suspension, de sorte que la même face du tore regarde toujours le centre du cercle que décrit la masse pendulaire. Ces expériences sont très-faciles à répéter dans un cours. »

TROISIÈME EXPÉRIENCE. — On répète les expériences précédentes en modifiant les liaisons. On fixe la chape moyenne et la chape extérieure de façon qu'elles soient dans le même plan. Le gyroscope étant placé au pôle, le méridien mis en mouvement, l'axe du tore se redresse vivement et se place sur le prolongement de la ligne des pôles. Pendant que l'axe bascule, le méridien oppose une grande résistance à l'entraînement.

Nous n'insistons pas sur cette expérience, que nous avons déjà étudiée.

QUATRIÈME EXPÉRIENCE. — Le gyroscope, disposé de la même manière, est à une latitude quelconque. L'axe du tore s'oriente suivant la verticale du lieu.

Explication. — L'axe tend à se placer parallèlement à l'axe du monde, mais les liaisons ne lui permettant pas de prendre cette position, il s'en rapproche le plus possible.

Remarques. — Il y a, comme dans la première expérience, un effort constant exercé sur les pinces. Le couple qui oriente l'axe du tore est maximum au pôle et nul à l'équateur, à l'inverse de ce qui a lieu dans la première expérience.

CINQUIÈME EXPÉRIENCE. — LES AXES DE ROTATION TENDENT A SE METTRE PARALLÈLES. — DÉTERMINATION DE LA LATITUDE. — *Tout corps tournant autour d'un axe libre de se diriger sans sortir du méridien, s'oriente de telle sorte que l'axe de rotation devienne parallèle à l'axe du monde et que le corps tourne dans le même sens que la terre.*

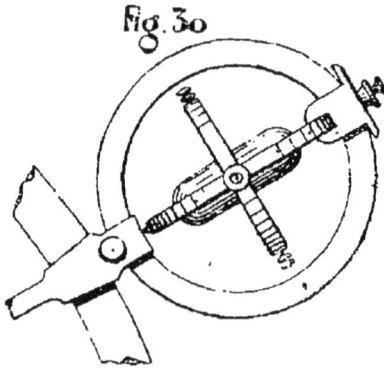

Fig. 30

La figure 30 représente la disposition du gyroscope pour faire cette expérience. L'axe du tore est mobile dans le plan du méridien.

Explication. — L'axe du tore tend toujours à se placer parallèlement à l'axe du monde ; il prend cette position, que les liaisons lui

permettent. En répétant cette expérience avec un gyroscope très-sensible, on pourrait donc déterminer en un lieu quelconque la direction de la ligne des pôles, ce qui donnerait la latitude.

SIXIÈME EXPÉRIENCE. — INVARIABILITÉ DU PLAN DE ROTATION. — « On supprime complétement les pinces et l'on installe le gyroscope au pôle. Dans cet état, tous les axes de rotation de l'appareil étant libres et le tore immobile, on constate que si l'on fait tourner le méridien, tout le système est entraîné par suite de la transmission du mouvement, due au frottement des pivots. Mais cet entraînement n'a plus lieu dès que le tore est mis en rotation ; on remarque alors que, quel que soit le sens de la rotation imprimée au méridien, l'axe du tore reste sensiblement fixe par rapport aux objets environnants, etc. »

Cette expérience confirme ce que nous avons dit au commencement de ce chapitre ; nous n'avons pas à revenir sur l'application qu'on peut en faire à la démonstration de la rotation de la terre.

M. Sire fait observer que la fixité de l'axe du tore n'est pas absolue, et que les faibles frottements qui subsistent suffisent pour transmettre, en partie, la rotation au méridien du tore ; l'axe de celui-ci se redresse donc lentement et tend à se placer dans le prolongement de l'axe du monde.

« C'est dans le but d'atténuer cet effet que M. Foucault a suspendu son gyroscope par un faisceau de fils sans torsion ; mais la rotation autour de la verticale du lieu ne se transmet pas moins par ce fil, bien faiblement à la vérité, suffisamment cependant pour affirmer que l'axe du tore n'a pas une fixité absolue. Ce qu'il y a de réellement fixe dans l'expérience, c'est la chape moyenne, qui reste immobile tant que l'axe de rotation du tore ne coïncide pas avec le-sien. Dans tous les cas, le redressement se fait toujours de façon que les deux rotations finissent par avoir lieu dans le même sens ; de sorte que lors de la coïncidence, tout le système est entraîné dans le sens de la rotation du méridien.

« ... Le déplacement de l'axe du tore se prêtait donc mal à l'observation ; aussi est-ce la chape moyenne qui a été choisie pour juger du déplacement apparent... Quant à ce déplacement ou déviation de la chape moyenne, elle ne peut avoir une valeur bien grande à cause de la courte durée de la rotation du tore, qui, dans les gyroscopes les mieux construits, dépasse rarement dix à douze minutes ; d'où la nécessité de disposer une échelle divisée sur la tranche de la chape moyenne et d'observer avec un microscope. Si la rotation du tore pouvait durer une demi-heure environ, le déplacement aurait une grandeur capable d'être constatée à l'œil nu, et l'on reconnaîtrait qu'il a bien lieu dans le sens du mouvement apparent des astres. »

En terminant ces citations, nous ne pouvons mieux faire que de conseiller la lecture complète du mémoire de M. Sire à ceux qui auront la bonne fortune de le rencontrer.

GYROSCOPE-BOUSSOLE. — Le lecteur aura sans doute été frappé de l'analogie singulière qui existe entre les proprié- tés du gyroscope et celles de l'aiguille aimantée. Une ai- guille aimantée suspendue horizontalement se place d'elle- même dans la direction du méridien magnétique, l'une de ses pointes se dirigeant toujours vers le nord. Il en est de même d'un gyroscope, dont l'axe ne peut se mouvoir que dans un plan horizontal (première expérience). Cet axe s'oriente, il a un pôle nord et un pôle sud ; seulement l'o- rientation se fait sur le méridien vrai et non sur le méri- dien magnétique. Une aiguille aimantée, mobile autour d'un axe horizontal perpendiculaire au méridien magnétique, constitue la boussole d'inclinaison ; elle se place dans une cer- taine position d'équilibre qui dépend de la latitude du lieu. De même un gyroscope, dont l'axe ne peut se mouvoir que dans le méridien, se dirige parallèlement à l'axe de la terre (cinquième expérience, *fig.* 30). On est conduit à se de- mander si le gyroscope ne pourrait pas, dans certains cas, remplacer la boussole ; quels avantages, quels inconvénients particuliers présenterait le gyroscope-boussole.

Les avantages seraient les suivants :

1º Le plan d'orientement du gyroscope est invariable en chaque lieu, puisque c'est le méridien même du lieu ; donc on n'a pas l'inconvénient des variations de l'aiguille aiman- tée ;

2º Le gyroscope n'est pas exposé aux déviations acciden- telles provenant du voisinage des masses de fer ;

3º Le gyroscope opposant une résistance considérable à toutes les causes qui tendent à dévier l'axe, l'orientement une fois obtenu persiste sans oscillation sensible, à l'inverse de ce qui a lieu pour la boussole.

Passons aux inconvénients :

1º Le gyroscope ne s'oriente que si sa suspension est délicate et le centrage très-précis; l'instrument est aussi facile à dérégler que difficile à construire.

2º La rotation du tore ne dure que peu de temps.

Les inconvénients signalés sont très-graves, et l'on comprend que dans l'état actuel le gyroscope ne puisse remplacer la boussole des navires.

Mais la plupart du temps on demande à l'aiguille aimantée de marquer une direction fixe; peu importe que cette direction soit celle de la méridienne. En topographie, par exemple, il importe peu que l'aiguille ait une déclinaison plus ou moins forte; on n'a besoin de connaître cet élément que pour tracer la méridienne sur le plan.

Nous avons vu que dans le gyroscope entièrement libre la chape moyenne donne un plan dont l'orientement est invariable, ce qu'on pourrait utiliser pour des observations de courte durée.

Supposons que la chape moyenne fasse corps avec une planchette horizontale légère. Quand le tore sera mis en mouvement, on pourra transporter horizontalement la planchette, sans détruire son orientement; il suffit de donner au tore des dimensions et une vitesse suffisantes. Une pareille planchette serait précieuse, car on pourrait la disposer de manière que le cheminement parcouru se traçât de lui-même, automatiquement.

Étudions les conditions du problème; imaginons qu'un voyageur en chemin de fer ait devant lui, sur une table horizontale, la carte du pays qu'il parcourt. Ce voyageur tient un crayon avec lequel il suit son itinéraire sur la carte; il cherche à maintenir la pointe de son crayon sur le point de la carte qui représente sa position. En outre, afin de comparer le terrain qui l'environne à la carte, il maintient celle-ci exactement orientée. Admettons que le voyageur obtienne rigoureusement le résultat cherché, il est clair que la pointe

du crayon marchera dans le sens de la longueur du wagon,
avec une vitesse qui sera à celle du train dans un rapport
constant, qui dépend de l'échelle de la carte.

Au lieu de tenir lui-même son crayon, le voyageur pourrait le confier à un châssis mobile dans le sens du train,
empruntant, par une transmission convenable, son mouvement aux roues du wagon; il n'aurait plus qu'à faire tourner
sa carte autour de la pointe du crayon, pour la maintenir
constamment orientée. Cela sera facile si la pression du
crayon est suffisante et si la table qui porte la carte est bien
polie; encore mieux si la carte est collée sur une petite
planchette portée sur des roulettes très-mobiles reposant sur
la table.

Mais le voyageur peut même s'épargner cette peine si sa
planchette s'oriente automa-
tiquement. Pour cela, nous
fixerons vis-à-vis l'une de
l'autre, aux bords opposés de
la planchette, deux tiges verticales terminées par des
fourches (*fig.* 31) sur lesquelles nous poserons le gyroscope du lieutenant-colonel
Maldan, préalablement bien
centré.

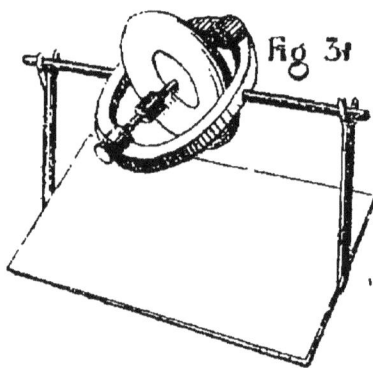

Fig. 31

Si la carte est remplacée par une feuille de papier blanc,
le crayon tracera le chemin parcouru par le wagon.

Maintenant remplaçons le wagon par une brouette dont la
roue servira d'arbre moteur pour conduire le crayon, et
nous aurons un appareil opérant automatiquement le lever
des plans, la fameuse brouette topographique.

Nous n'avons pas la naïveté de croire que ce qui précède
résolve pratiquement le problème; c'est une simple indica-

tion sur la manière dont on pourrait l'aborder ; cela suffit pour en concevòir la possibilité.

Rentrons dans la réalité et concluons.

Jusqu'ici le gyroscope n'a pas eu d'applications pratiques à proprement parler, mais il est probable qu'il en aura plus tard.

C'est, avant tout, un appareil de démonstration ; c'est ainsi que nous l'utiliserons dans le chapitre suivant, consacré à l'étude du tir.

Mais nous ne pouvons terminer ce chapitre sans faire ressortir le grand rôle que jouent dans la nature les effets mis en évidence par cet appareil. Il suffit, pour le comprendre, de songer que les astres sont d'immenses gyroscopes dont la suspension est parfaite, et que tous les corps sont, d'après les idées les plus modernes, composés d'atomes, c'est-à-dire encore de gyroscopes : car ces atomes ne se touchent pas ; ils peuvent se rapprocher ou s'écarter et, en outre, tourner sur eux-mêmes dans tous les sens. Si ces atomes tournants s'orientent de manière à ce que leurs axes de rotation deviennent parallèles, les corps qu'ils composent prendront des propriétés analogues à celles des aimants ou des corps électrisés. M. Sire appelle, avec raison, l'attention des physiciens sur cette remarquable analogie.

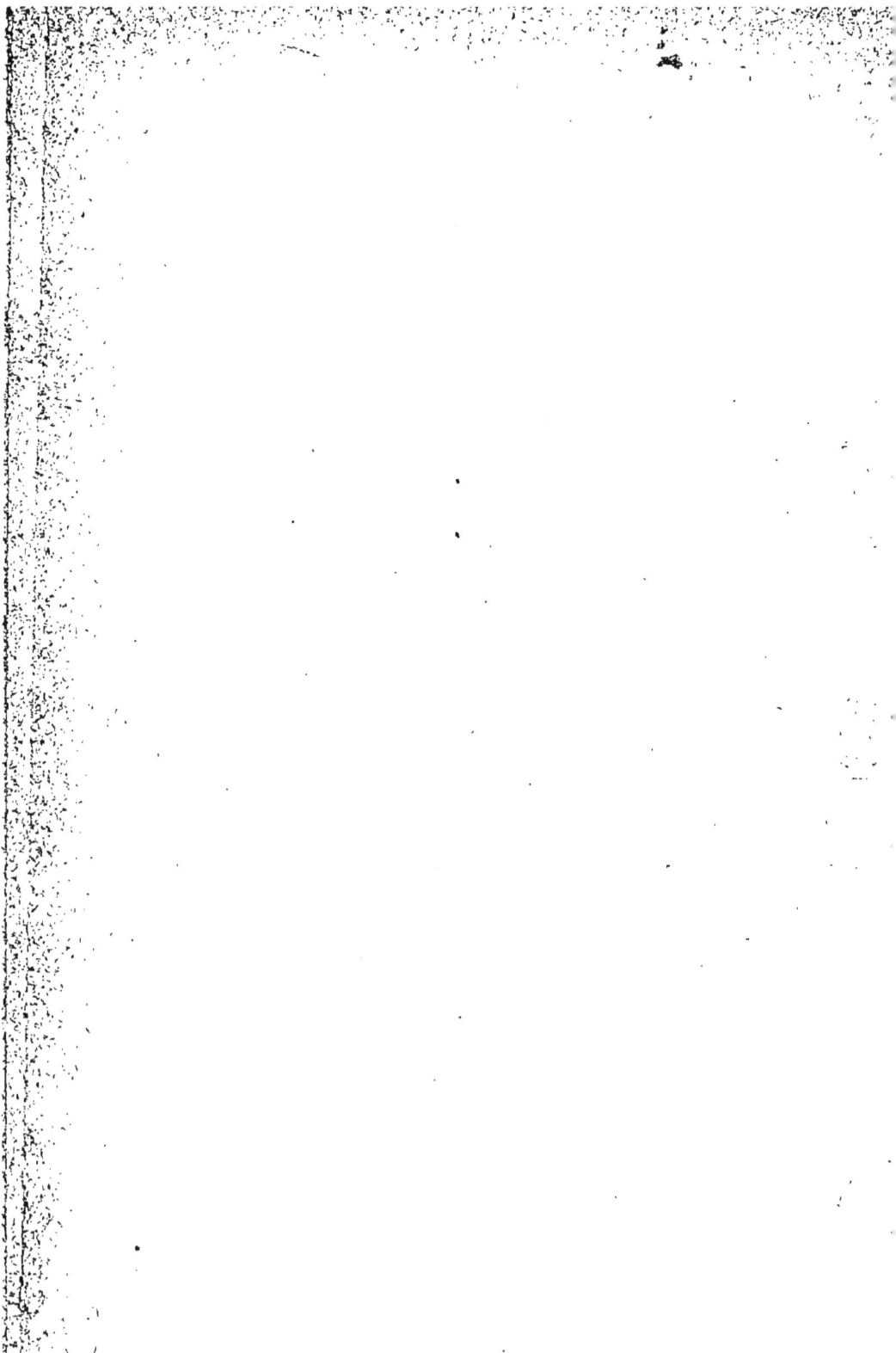

III

La forme allongée des projectilés est un des traits caracté-
ristiques de l'artillerie rayée. C'est à cette forme que l'on doit
attribuer l'augmentation considérable des portées, la bonne
conservation de la vitesse, la justesse du tir, la grande tension
des trajectoires, en un mot tout ce qui constitue la supério-
rité de ce système sur celui qui l'a précédé. A ce point de
vue, nos projectiles ont de l'analogie avec la flèche ; ils
offrent, comme elle, une section transversale très-réduite par
rapport à leur masse. Il en résulte qu'ils éprouvent de la part
de l'air une résistance relativement beaucoup plus faible que
les anciens projectiles sphériques. Mais cela n'est vrai que si le
projectile marche dans la direction de son axe, car une flèche
ou une balle oblongue, marchant par le travers, éprouveraient
une résistance considérable et n'auraient pas de portée, et si
l'axe basculait pendant le mouvement, la résistance serait
irrégulière, le tir n'aurait aucune justesse.

La flèche est couchée sur sa trajectoire par l'effet de ses
plumes, véritable gouvernail placé à l'arrière. Nous obtenons
le même résultat pour nos projectiles, en leur imprimant
une rotation rapide autour de leur axe. L'effet est obtenu :
ce qui le prouve, c'est que ces projectiles font des trous cir-
culaires dans les cibles ou les panneaux. Mais tandis
que l'effet des barbes de la flèche se comprend de lui-même,
celui de la rotation de nos projectiles est très-complexe et
d'une explication difficile. C'est ce qu'il ne faut pas oublier,
sous peine d'accepter, parce qu'elles paraissent simples, les
théories les plus fausses et les plus stériles.

4

Avant d'appliquer la théorie du gyroscope aux phénomènes du tir, nous devons prévenir une objection qui paraît bien naturelle. Quel rapport peut-il exister entre un appareil posé sur une table immobile et un projectile qui parcourt plusieurs centaines de mètres par seconde? La mécanique répond à cette objection par les propositions suivantes :

Lorsqu'un corps se meut dans l'espace, sous l'action de forces quelconques :

1° Le centre de gravité du corps se meut comme si toutes les forces lui étaient directement appliquées et que toute la masse du corps fût concentrée en ce point;

2° Le corps tourne autour de son centre de gravité, *comme si ce point était immobile.*

Considérons un projectile lancé par une arme rayée, il subira, de la part de l'air, des pressions, des chocs, des frottements, etc., variables à chaque instant et en chaque point de sa surface.

Remplaçons le tore d'un gyroscope par un second projectile identique au premier, animé au début d'une rotation égale, autour de son axe parallèle à celui du premier, enfin soumis, à chaque instant, aux mêmes forces.

Le projectile gyroscope aura, par rapport à son centre de gravité fixe, le même mouvement que le projectile lancé dans l'espace, par rapport à son centre de gravité mobile. Les deux projectiles auront leurs axes parallèles pendant toute la durée du trajet.

Nous rappellerons encore que l'on peut réduire toutes les forces appliquées aux projectiles à une seule force appliquée au centre de gravité et à un couple. La force détermine le mouvement du centre de gravité, et le couple celui du corps autour du centre de gravité.

Il résulte de là que toute force appliquée au centre de gravité n'a aucune influence sur le mouvement du projectile autour de ce point. Il en est ainsi du poids du projectile. Donc, si son axe tend à se déplacer, cela ne peut tenir qu'à deux genres de causes :

1° A la rotation imprimée par les rayures; 2° à la résistance de l'air.

(*Remarque*. — Nous négligeons à dessein l'effet possible des imperfections du projectile et de l'arme. Nous admettons que le projectile est un corps de révolution parfaitement homogène, lancé dans la direction de son axe, tournant autour de cette direction même.)

La rotation imprimée par les rayures persisterait indéfiniment autour du même axe et avec la même vitesse, si aucune cause extérieure ne s'y opposait. Nous avons vu en effet que, si l'on transporte un gyroscope et qu'on le replace au lieu de départ, l'axe du tore est dirigé vers le même point de l'espace qu'avant le transport.

Par conséquent, si le projectile était lancé dans le vide, son axe resterait parallèle à lui-même pendant tout le trajet. Le déplacement subi par l'axe, quand le projectile se meut dans l'air, est dû *uniquement* à la résistance de l'air ; la rotation du projectile modifie ce déplacement, *mais elle n'en est pas la cause*.

Jusqu'ici il n'y a pas de difficulté ; tout ce que nous avons dit s'applique à la flèche, qui, dans le vide, ne changerait pas non plus de direction. On ne parle jamais que de la résistance de l'air, comme si l'air ne pouvait agir que pour produire une résistance ; cependant c'est l'air qui redresse la flèche, et l'effet de ce redressement est de diminuer la résistance de l'air. L'air exerce dans ce cas deux actions distinctes : l'une est une résistance au mouvement, mais l'autre le favorise. En fait, la même chose se produit pour nos projectiles : l'air leur résiste, mais il oriente leur axe de manière à rendre la résistance aussi faible que possible.

C'est pourquoi nous ne trouvons pas juste le raisonnement suivant, que l'on donne souvent comme une théorie abrégée des armes rayées :

« Si le projectile ne tournait pas, il n'y a pas de doute qu'il basculerait dès la sortie de l'arme et se présenterait à l'air dans de mauvaises conditions ; il n'y aurait ni portée ni justesse. Pour s'opposer à ce renversement, pour donner de la stabilité au projectile, on lui imprime une rotation ; *et comme l'expérience du gyroscope démontre que la stabilité de l'axe est d'autant mieux assurée que la rotation est plus rapide, il faut faire tourner le projectile aussi vite que possible.* »

La dernière partie de ce raisonnement, que nous critiquons seule, serait inattaquable s'il s'agissait de maintenir l'axe du projectile constamment parallèle à lui-même ; mais, en fait, le résultat obtenu dans la pratique consiste à coucher l'axe sur la trajectoire, et comme ce résultat est avantageux, il faut favoriser cet effet au lieu de l'empêcher. Or on l'empêcherait certainement si l'on donnait au projectile une rotation trop rapide.

A notre avis, la théorie précitée est fausse, parce qu'elle pose mal la question ; nous la poserons ainsi qu'il suit : « Il s'agit non pas de maintenir l'axe du projectile immobile dans l'espace, mais de le coucher, aussi exactement que possible, sur la tangente à la trajectoire, et par conséquent *de lui donner un mouvement déterminé.* » La théorie du gyroscope nous fournit le moyen de résoudre cette question, du moins avec une grande approximation.

Supposons, pour simplifier, que la trajectoire soit contenue dans un plan vertical, comme cela aurait lieu dans le vide, et que nous soyons libres d'appliquer au projectile un couple choisi à volonté ; comment faudrait-il choisir ce couple pour coucher constamment le projectile sur la trajectoire ?

Il faut que l'axe du projectile décrive un plan vertical; il suffit de lui appliquer un couple d'intensité convenable dont l'axe soit dans le plan du tir et perpendiculaire à l'axe du projectile. Si le projectile ne tournait pas, ce couple aurait pour effet de dévier sa pointe latéralement, à droite ou à gauche du plan du tir.

En langage ordinaire, pour faire baisser la pointe du projectile, il faut tirer cette pointe latéralement au plan de tir, à droite, si la rayure va de gauche à droite (par exemple comme celle du canon de 4), à gauche dans le cas contraire (canons de 5 et de 7, fusil modèle 1866).

Rien n'est plus simple que de vérifier le fait avec le gyroscope. Plaçons l'axe du tore dans le plan de la chape extérieure, qui représentera le plan de tir ; le tore étant en mouvement, on fera baisser son axe dans ce plan, en agissant sur la chape moyenne, dans le sens convenable qui vient d'être indiqué.

Dans cette expérience, l'axe du tore éprouve une nutation qui a lieu du même côté du plan de tir, à droite pour les projectiles qui tournent comme le 4, à gauche pour ceux qui tournent comme le 7.

Mais nous ne sommes pas libres de conduire à notre guise la pointe du projectile ; elle va au gré de la résistance de l'air. Il n'en est pas moins vrai que si le projectile restait bien réellement couché sur la tangente, l'action inconnue de la résistance de l'air serait nécessairement équivalente à celle que nous venons de trouver : car il n'y a pas deux manières réellement différentes de donner à l'axe du projectile un seul et même mouvement.

En réalité, l'axe du projectile ne suit qu'à peu près la tangente, et peut être soumis à un couple notablement différent de celui que nous avons déterminé.

Au sortir de l'âme, l'axe du projectile est un axe de sy-

métrie pour le mouvement comme pour la forme du projectile ; de telle sorte que si un point A est soumis à une force

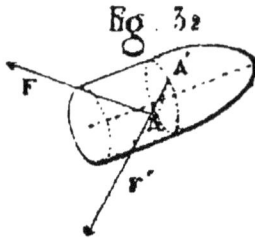

Fig. 32

F, le point A' symétrique de A subit
une force égale F, symétrique de la
première par rapport à l'axe. Rédui-
sons les forces à une force unique
appliquée au centre de gravité et à un
couple, ce qui est toujours possible.

Dans le cas particulier que nous con-
sidérons, cette réduction des forces nous donnera seulement :

1° Une force dirigée suivant l'axe du projectile ;

2° Un couple, dont l'axe aura la même direction.

La force est dans le plan de tir, comme le poids du projectile ; donc :

1° A la sortie de la pièce, le projectile n'est sollicité que
par des forces agissant dans le plan de tir, *et ne tend pas à
dériver.*

2° Le couple peut agir sur la vitesse de rotation, mais non
sur la direction de l'axe ; *l'axe du projectile restera d'abord
parallèle à lui-même.*

La tangente à la trajectoire tourne de suite avec une vitesse finie. Elle se sépare donc immédiatement de l'axe du
projectile, et, au bout d'un petit trajet, se trouve au-dessous

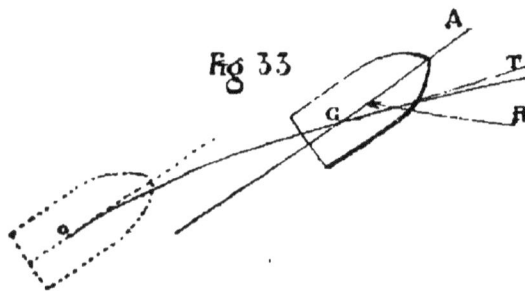

Fig 33

de lui, dans le
plan de tir
(*fig.* 33). A par-
tir de ce mo-
ment, il y a deux
zones sur la sur-
face du projec-
tile : l'une qui
choque l'air,
l'autre qui est

garantie de ce choc par la masse solide du projectile. Dans
la première zone, la vitesse de chaque point a une compo-
sante normale au plan de tir, dirigée dans le même sens pour
tous les points, et que le frottement de l'air tend à diminuer. C'est à cette cause unique qu'une partie des auteurs
attribue la dérivation. D'après eux, la dérivation serait due à
un roulement du projectile sur l'air. Nous n'adoptons pas
cette théorie; nous ne la rejetons pas non plus absolument.
Telle qu'elle a été présentée, elle ne rend aucun compte du
déplacement de l'axe; c'est son plus grave défaut, car la
question négligée est capitale. Mais nous ne pouvons nier à
priori l'existence du frottement; et s'il existe, il contribue à
produire la dérivation. La part de cette cause étant réservée,
nous n'en tiendrons plus compte dans ce qui suit.

Abstraction faite du frottement, il y a encore symétrie par
rapport au plan A G T, qui contient l'axe du projectile et la
tangente. Il en résulte que toutes les forces qui agissent à la
surface peuvent se composer en une seule située dans ce
plan. Cette résultante R peut passer au centre de gravité,
en avant ou en arrière de ce point. Dans le premier cas, il
n'y aurait pas de couple partant pas de déviation de l'axe.
Comme ce n'est pas ce qui a lieu généralement, nous admettrons la deuxième ou la troisième hypothèse.

Supposons d'abord que le point d'application de la résistance de l'air soit en arrière du centre de gravité. C'est ce
qui a lieu pour la flèche ; c'est pourquoi elle se couche sur la
direction suivie par le centre de gravité. On a, dans les pre-
miers temps, assimilé nos projectiles à des flèches, et l'on
a supposé que la résistance de l'air tendait à les faire basculer de la même manière. C'est, en partie, pour favoriser
cette bascule, que l'on avait pratiqué des cannelures à l'arrière des balles. Si l'on admet que la résistance de l'air couche la balle comme une flèche, quand elle est appliquée en

arrière du centre de gravité, il faut admettre que, si elle était appliquée en avant de ce point, la balle serait renversée et marcherait par le travers. Mais cette dernière conclusion n'est pas exacte, comme le prouve le gyroscope ou simplement la toupie : le vice du raisonnement consiste à ne tenir aucun compte de la rotation de la balle. Si l'on en tient compte, comme on doit le faire, la flèche et la balle ne sont plus des projectiles comparables. Une flèche est couchée par la résistance de l'air quand elle marche la pointe en avant ; elle est renversée par cette résistance quand elle marche la pointe en arrière, par exemple, lorsqu'après avoir été lancée verticalement, elle commence à retomber.

Mais si la flèche était animée d'une rotation très-rapide, elle ne se redresserait pas dans la période ascendante de son mouvement ; et de même elle ne se renverserait pas en retombant. Elle aurait, pendant toute la durée de son trajet, un mouvement de précession autour de la direction verticale de la résistance de l'air, dans un sens opposé à la rotation de la flèche, pendant l'ascension, dans le même sens que cette rotation, pendant la chute (expérience de la figure 18).

Il n'est donc pas absurde, à priori, de supposer que la résistance de l'air agisse en avant du centre de gravité ; car, si le projectile tourne assez vite, il ne sera pas renversé, mais prendra simplement un mouvement de précession autour de la tangente.

Le docteur Magnus a démontré, par des expériences directes sur un gyroscope, que lorsqu'on dirige sur un projectile un violent courant d'air qui l'enveloppe entièrement, on le renverse s'il ne tourne pas, et on lui donne une précession uniforme autour de l'axe du courant s'il tourne. Si la tangente conservait une direction invariable, c'est-à-dire si la trajectoire était une ligne droite, l'axe du projectile n'étant pas couché sur cette direction ; l'angle compris entre ces deux lignes resterait le même pendant tout le trajet, abstraction faite d'une petite nutation.

Jusqu'ici nous ne voyons pas ce qui fait coucher l'axe du projectile sur la tangente; mais nous n'avons pas encore fait entrer en ligne de compte le changement d'inclinaison de la tangente, qui s'abaisse tout le long du trajet. Rapportons le mouvement de cette ligne au centre de gravité G du projectile considéré comme fixe. Elle tournera autour de ce point en décrivant une surface conique, que l'on peut considérer comme sensiblement plane ; de sorte que l'axe du projectile GA tourne autour de GT, pendant que GT décrit un plan, en tournant autour du point fixe G. La nature géométrique du mouvement de l'axe GA dépend uniquement du rapport des vitesses avec lesquelles se meuvent les deux lignes GA et GT.

La question est assez difficile; aussi nous ne l'aborderons ni directement, ni dans toute sa généralité.

Considérons la roue d'une voiture en mouvement et, choisissant sur les rais, sur la jante, peu importe, un point quelconque, observons en particulier son mouvement. Nous verrons qu'à chaque instant ce point se meut perpendiculairement à la droite qui le joint au point de contact de la roue avec le sol ; d'où cette conséquence forcée : à chaque instant la roue tourne autour du point de contact ; son mouvement, pendant un temps très-court, est absolument le même que si ce point de contact était immobile. La voiture étant arrêtée, marquons à la craie le point de contact ; puis, quand elle marchera, suivons cette marque de l'œil. Nous la verrons monter verticalement, puis obliquer en s'élevant toujours jusqu'à la partie supérieure de la roue, après quoi elle descendra en décrivant une courbe symétrique de la courbe de montée jusqu'à ce qu'elle rejoigne le sol, et ainsi de suite.

Si la roue tourne uniformément, le point de contact marche
aussi uniformément; mais la marque n'a pas toujours la
même vitesse, et il est facile de s'assurer qu'elle va d'autant
plus vite qu'elle est plus loin du point de contact; au besoin,
on pourrait mesurer sa vitesse et l'on verrait qu'elle est proportionnelle à la distance A T, qui la sépare de ce point
de contact. Or si, fixant le point T, on faisait tourner la
roue uniformément autour de ce point, la marque aurait
également une vitesse proportionnelle à la distance A T.

Le mouvement de la marque est donc celui d'un point A,

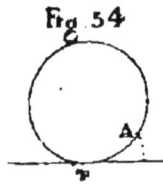
Fig. 54

qui tourne uniformément autour d'un second
point T, lequel parcourt uniformément une
droite. La marque décrirait la même courbe
si la voiture ne marchait pas uniformément.
Alors le point T aurait une vitesse variable V,
et le point A tournerait autour de lui avec une
vitesse angulaire variable aussi, mais proportionnelle à V.
La valeur du rapport dépend du diamètre de la roue. Si la
roue est petite relativement au chemin parcouru, la distance A T, qui est au plus égale au diamètre de la roue, augmente et diminue alternativement, mais reste faible relativement à la longueur de la route; de sorte que, pour un
parcours de quelques lieues, on ne pourrait pas représenter,
sur une feuille de papier ordinaire, le mouvement de la
marque autrement que par la ligne droite décrite par le
point T.

Au lieu d'une roue cylindrique, prenons une roue conique;

Fig. 55

soit G T l'arête du contact, G A une arête
marquée. Quand le cône roule sur le sol,
l'arête G A tourne autour de G T avec
une vitesse angulaire proportionnelle à
celle avec laquelle G T décrit son plan.
La valeur du rapport dépend de l'angle

au sommet du cône. L'angle T G A augmente et diminue alternativement, il reste toujours inférieur au double angle au sommet du cône.

Revenons à la question : Admettons que la tangente à la trajectoire tournant autour du point G avec une certaine vitesse, l'axe G A du projectile tourne autour de G T avec une vitesse angulaire proportionnelle. Nous pouvons représenter le mouvement de G A comme ci-dessus, en choisissant un cône d'ouverture convenable. Cela suffit pour faire concevoir comment le changement de direction de la tangente peut maintenir très-petit l'angle A G T, compris entre l'axe du projectile et la tangente, c'est-à-dire coucher à peu près le projectile sur la trajectoire. Dans ce mouvement, l'axe du projectile s'éloigne et se rapproche alternativement du plan de tir, en restant toujours du même côté, du moins dans les hypothèses faites. Supposons que la pointe soit à droite du plan de tir : il doit en résulter un excès de pression sur la gauche du projectile et, par suite, une dérivation à droite; au contraire, si les oscillations de la pointe ont lieu à gauche du plan de tir, c'est à gauche que le projectile dérivera.

Nous avons hâte de sortir de ces considérations un peu trop abstraites; nous ajouterons seulement quelques mots pour faire comprendre que l'axe du projectile peut rester couché sur la tangente, sans que les mouvements de ces deux lignes soient combinés avec la précision exceptionnelle qu'exige l'hypothèse précédente. Il suffit en effet, pour que le projectile reste à peu près couché sur la trajectoire, que sa précession autour de la tangente soit assez rapide relativement au mouvement de la tangente.

En résumé, cette analyse nous conduit au singulier résultat que voici : *Ce qui couche l'axe du projectile sur la trajec-*

toire, c'est le double effet d'un couple qui tend à renverser le
projectile et du changement de direction de la tangente.

Représentons la tangente et l'axe du projectile par deux
tiges rigides analogues aux deux branches d'un compas, le
couple de renversement par un ressort qui tend à ouvrir ce
compas. Si le projectile ne tournait pas, le compas s'ouvri-
rait; s'il tourne pendant que le centre de gravité se meut en
ligne droite, le compas garde une ouverture constante; enfin
s'il tourne en suivant une trajectoire courbe, le compas
s'ouvre et se ferme alternativement, mais, en gros, les deux
branches sont entraînées dans un mouvement commun.

Le gyroscope permet de vérifier ces conclusions par l'expé-
périence.

Plaçons l'axe du tore dans le plan de la chape fixe exté-
térieure qui représente le plan de tir : l'appareil étant en
mouvement, 1° cherchons d'abord à renverser le tore avec
le doigt ou avec une ficelle attachée à l'extrémité de son
axe, l'axe se déplace latéralement, il sort du plan de tir;
2° cherchons à augmenter l'écart par une traction horizontale, l'axe baisse; 3° cherchons à le faire baisser davantage,
l'axe revient dans le plan de tir et y prend une position située au-dessous de la position de départ. En répétant la
même suite d'actions, on peut lui faire faire le tour de la
chape fixe.

On peut mettre les mêmes faits en évidence par une expérience moins grossière, en faisant agir un ressort répulsif
entre la pointe de l'axe et un curseur M mobile le long de la
chape fixe. Si le tore ne tourne pas, il est renversé par le
ressort. S'il tourne et que le curseur M soit fixe, l'axe doit
prendre un mouvement de précession conique autour de la
ligne G M, qui va du centre de l'appareil au curseur. Enfin,
si l'on conduit le curseur avec la main, l'axe décrit une série
de boucles, mais cède progressivement à l'entraînement du

curseur, comme s'il était attiré par lui, tandis que c'est précisément le contraire.

On peut encore adopter la disposition suivante, qui réalise une machine de démonstration bien propre à vulgariser cette théorie difficile (1).

Le cercle extérieur du gyroscope est porté par un chariot mobile sur deux rails courbes qui représentent la trajectoire ; deux ressorts agissent par répulsion entre les extrémités de l'axe du tore et deux points diamétralement opposés de la chape externe; la direction du diamètre représente la tangente.

Nous indiquons seulement le principe de l'appareil que nous étudions en ce moment et avec lequel nous espérons mettre en évidence les résultats de la théorie précédente. Il nous reste à développer ces résultats.

DE LA DÉRIVATION

La dérivation est une déviation latérale que subissent tous les projectiles oblongs et dont le sens dépend le plus généralement, sinon toujours, de celui de la rotation des projectiles. Or la cause de dérivation que nous avons trouvée pousse toujours la pointe du côté du plan de tir, où se fait la dérivation. La théorie est donc sur ce point vérifiée par son accord avec l'expérience. Mais elle nous indique que, dans certains cas, le sens de la dérivation peut changer; par exemple, si l'on porte le centre de gravité assez en avant pour que la résistance de l'air agisse en arrière de ce point. Une flèche et une balle tournant dans le même sens dériveront, d'après cela, l'une à droite, l'autre à gauche.

(1) Cette machine est terminée, la description en paraîtra prochainement dans la *Revue d'Artillerie.*

D'après la théorie précédente, l'axe du projectile est alternativement plus élevé et plus abaissé que la tangente, et il doit en résulter une dérivation dans le sens vertical, tantôt de bas en haut, tantôt de haut en bas. Comme les oscillations n'ont pas l'identité parfaite que nous avons obtenue dans le cas particulier étudié plus haut, et que la vitesse du projectile varie tout le temps du trajet, ces dérivations verticales partielles de sens opposé donnent, en fin de compte, une dérivation verticale égale à leur différence et qui peut être un abaissement ou un relèvement, et qui, suivant le cas, augmentera ou diminuera les parties.

La dérivation, ayant pour cause un écart angulaire entre l'axe du projectile et la tangente, a lieu du côté où cet écart se produit et croît avec lui : d'où cette première conséquence que la dérivation est d'autant plus faible, toutes choses égales d'ailleurs, que le projectile se couche mieux sur la trajectoire. C'est aussi la condition pour que l'air offre la moindre résistance possible. Or, pour un projectile donné, plus la résistance est faible, moins ses variations ont d'effet, par conséquent plus il y a de chance de justesse. Donc, en général, les dérivations faibles sont l'indice d'une bonne justesse.

En ce qui concerne la portée, on ne peut pas être aussi affirmatif, parce que la dérivation verticale peut augmenter ou diminuer la portée. Mais lorsqu'une augmentation notable de portée est due à cette cause, c'est que le projectile se couche mal, et généralement cet avantage est obtenu au détriment de la justesse. En outre, le projectile, offrant une plus grande surface en prise à l'air, éprouve une résistance plus forte ; de sorte que l'augmentation de portée diminue avec la durée du trajet ; elle peut finir par disparaître et même être remplacée par une diminution de portée aux très-grands angles. Cela peut servir à expliquer les résultats, en apparence contradictoires, fournis par le tir comparatif de pièces rayées à des pas différents.

Il n'est pas possible, dans l'état actuel de la science, de calculer numériquement les effets et de comparer les résultats du calcul à ceux du tir ; mais cela n'est nullement nécessaire pour tirer de la théorie des indications qui puissent guider la pratique.

Par exemple, en posant simplement le problème, nous avons déjà été conduits à cette conclusion que la vitesse de rotation du projectile ne doit pas être trop grande. Comme évidemment il y a aussi un minimum, nous sommes déjà certains qu'entre ces deux limites il y a une vitesse de rotation plus convenable que toute autre, dont il faut se rapprocher autant que possible dans la pratique. Cette vitesse est celle qui coucherait le mieux possible le projectile sur la trajectoire.

Cette vitesse dépend du projectile, de sa vitesse initiale, de l'angle de tir et du pas de la rayure.

La charge, qui fixe la vitesse initiale, est déterminée, la plupart du temps, par des considérations de service.

Si le projectile est donné, comme le pas ne peut varier avec l'angle de tir, il faut le déterminer pour un angle moyen, convenablement choisi, d'après la nature du service auquel la pièce est destinée. A ce point de vue, une pièce de campagne est dans des conditions toutes différentes d'un mortier rayé. Plus la trajectoire est courbe, plus est grand l'angle dont la tangente tourne depuis le point de départ jusqu'au point d'arrivée ; or l'axe du projectile doit décrire un angle au moins égal à celui-là ; il faut donc qu'il se déplace assez rapidement, et pour cela que le projectile tourne plus lentement : il faut un pas allongé. Le projectile se couche d'autant mieux que la précession de son axe est plus rapide. Or la précession est en raison directe du moment du couple de renversement et en raison inverse de la rotation. Si la vitesse initiale est grande, la résistance de l'air est considérable, ainsi que le couple de renversement. Le projectile doit tourner assez rapidement; le pas sera court.

Influence de la forme du projectile. — La résistance de l'air dépend :

1° De la forme extérieure du projectile;

2° De la position de son axe;

3° De sa vitesse. .

Son effet dépend :

1° De la masse du projectile;

2° De la manière dont cette masse est répartie, ce que l'on pourrait appeler la forme mécanique du projectile.

Ce dernier élément est complexe; il équivaut à trois éléments simples.

Le premier est facile à définir : c'est la position du centre de gravité. — De cet élément dépend le bras de levier du couple de renversement.

Le second est le *moment d'inertie* du projectile autour de son axe de figure.

Le troisième est le moment d'inertie du projectile autour d'un axe conduit par le centre de gravité, normalement à l'axe de figure.

Tout le monde sait que l'accélération imprimée par une même force à différents corps est en raison inverse de leur masse.

Le *moment d'inertie* joue, dans le mouvement de rotation, le même rôle que la masse dans le mouvement de translation.

Si un même couple est appliqué à différents projectiles, dans un plan normal à leur axe, l'accélération angulaire imprimée par ce couple sera en raison inverse d'une certaine grandeur particulière à chaque projectile, qui est leur moment d'inertie par rapport à leur axe. Ce moment d'inertie peut se définir géométriquement : il est égal à la somme des produits que l'on obtiendrait en multipliant la masse de chaque point par le carré de sa distance à l'axe de rotation.

(Nous avons donné plus haut la valeur de la vitesse de précession $\dfrac{M}{A\omega}$ imprimée par un couple de moment M à un tore animé d'une rotation ω. La quantité A qui entre dans cette formule est le moment d'inertie du tore autour de son axe.)

Il est facile, d'après cela, d'apprécier le rôle de cet élément dans la question qui nous occupe. Le projectile se couche d'autant plus facilement sur la trajectoire que sa vitesse de précession est plus grande; et l'un des moyens d'augmenter cette vitesse consiste à diminuer le moment d'inertie A. Pour une même masse totale ou, si l'on veut, pour un même poids, le moment d'inertie A diminue avec le calibre; on voit là un nouvel avantage des projectiles allongés sur les projectiles courts. Mais on ne peut allonger indéfiniment les projectiles. Nous n'avons pas donné la valeur de la nutation, et nous avons toujours admis qu'on pouvait la négliger. Cela n'est vrai qu'entre certaines limites. Or

Fig 56

la nutation croît très-vite avec l'allongement des projectiles, parce qu'elle est proportionnelle au moment d'inertie C, pris par rapport à un axe G B perpendiculaire à l'axe G A du projectile, et ce moment d'inertie croît très-vite quand le projectile s'allonge.

Pour réduire cette nutation, on n'a d'autre moyen que d'augmenter la vitesse de rotation du projectile, qui éprouve une déperdition assez rapide par les frottements de l'air, et qui a l'inconvénient de diminuer la vitesse de précession,

par suite d'empêcher le projectile de se coucher sur la trajectoire. Il en résulte que l'allongement des projectiles n'est
avantageux qu'à condition de ne pas être exagéré.

Nous avons peu à peu dégagé tous les éléments qui peuvent avoir de l'influence sur le mouvement des projectiles,
du moins ceux dont nous sommes maîtres. On peut les clas-
ser ainsi :

I. — *Éléments du mouvement initial*

1° *Vitesse initiale ;*

2° *Rotation initiale.*

Ces éléments dépendent de la construction de la pièce, de
sa charge et du pas de sa rayure.

II. — *Éléments relatifs au projectile :*

1° Poids du projectile ;

2° Sa forme extérieure ;

3° Position de son centre de gravité ;

4° Moment d'inertie autour de l'axe de figure ;

5° Moment d'inertie autour d'un axe de l'équateur.

En pratique, on peut se proposer deux buts :

Ou lancer le mieux possible un projectile donné, ou chercher le meilleur projectile à lancer dans des conditions dé-
terminées.

Dans les deux cas cette recherche ne peut se faire que par
l'expérience ; mais elle ne donnera des résultats certains,
inattaquables, *que si elle est conduite avec méthode.*

La méthode à suivre consiste à tenir compte de tous les
éléments en jeu, ceux que nous venons d'énumérer, et à par-
tager les épreuves en séries, dans chacune desquelles *on ne
fasse varier qu'un élément à la fois,* du moins autant que
possible.

Il est rare qu'on ait opéré de la sorte ; les faits innombrables que l'on possède ne sont point comparables : tant d'éléments ont varié à la fois qu'on ne sait auquel on doit attribuer l'influence dominante.

Il est temps de prendre la théorie pour guide, si l'on ne veut tomber dans les inconvénients de l'empirisme.

L'artillerie est une science d'expérimentation ; elle doit suivre la méthode de ces sciences et relier par des théories les faits dont l'expérience l'enrichit chaque jour.

114

www.ingramcontent.com/pod-product-compliance
Lightning Source LLC
Chambersburg PA
CBHW071255200326
41521CB00009B/1772